国家自然科学基金项目（31371582，41161037，41561068）、中国农业科学院棉花生物学国家重点实验室开放课题（CB2016A12）和塔里木大学校长基金（TDZKQN201602）联合资助

塔里木灌区气候变化对膜下滴灌棉花种植的影响及其适应措施

牛建龙　柳维扬　著

U0206221

西南交通大学出版社
·成　都·

图书在版编目（CIP）数据

塔里木灌区气候变化对膜下滴灌棉花种植的影响及其
适应措施 / 牛建龙，柳维扬著. —成都：西南交通大
学出版社，2018.1
　　ISBN 978-7-5643-5975-1

　　Ⅰ.①塔…　Ⅱ.①牛…　②柳…　Ⅲ.①灌区 – 气候变
化 – 影响 – 棉花 – 地膜栽培 – 滴灌 – 措施 – 新疆　Ⅳ.
①S562.071

中国版本图书馆 CIP 数据核字（2017）第 317644 号

塔里木灌区气候变化对膜下滴灌棉花种植的影响及其适应措施

牛建龙　柳维扬　著

责 任 编 辑	穆　丰	
助 理 编 辑	黄冠宇	
封 面 设 计	何东琳设计工作室	
	西南交通大学出版社	
出 版 发 行	（四川省成都市二环路北一段 111 号	
	西南交通大学创新大厦 21 楼）	
发行部电话	028-87600564　028-87600533	
邮 政 编 码	610031	
网　　　址	http://www.xnjdcbs.com	
印　　　刷	成都蓉军广告印务有限责任公司	
成 品 尺 寸	170 mm × 230 mm	
印　　　张	5	
字　　　数	62 千	
版　　　次	2018 年 1 月第 1 版	
印　　　次	2018 年 1 月第 1 次	
书　　　号	ISBN 978-7-5643-5975-1	
定　　　价	30.00 元	

序 言

气候变化是对农业生产影响的最大因素之一。自 20 世纪 90 年代开始，全球变暖的趋势更加明显，极端气象灾害和气候灾害频发，改变了区域甚至全球蒸散发的量值和进行了重分配。这些变化引发了区域农作物种植制度和结构的改变、作物生育期和作物产量变化等问题，已经成为世界共同关注的重大科学问题。

新疆塔里木灌区，光热资源丰富，降水稀少，是新疆重要的粮食与名优特果品基地以及国家级棉花基地。20 世纪 90 年代以来，塔里木灌区的气候呈暖湿到冷湿的动态变化，日照时数呈由少到多的动态变化，春、夏季暖干化明显，秋、冬季冷湿化明显，对灌区棉花种植和产量产生了重大影响。本研究以塔里木灌区-阿拉尔垦区为研究区域，选取阿拉尔市气象局 1961—2014 年逐日地面气象资料和 2000—2014 年逐年皮棉产量资料，运用统计学方法，搞清了塔里木灌区-阿拉尔垦区主要气候要素和膜下滴灌棉花产量的动态变化规律，探明了塔里木灌区—阿拉尔垦区气候变化对棉花种植的影响和适应措施。其结果如下。

1. 塔里木灌区-阿拉尔垦区主要气候要素的变化特征

（1）20 世纪 90 年代后，塔里木灌区-阿拉尔垦的气候区经历了由暖湿到冷湿的动态变化，日照时数经历了由少到多的动态变化，潜在蒸散经历了由低到高的动态变化，年低温灾害和干旱灾害逐渐增多，日照时数不断增多。

（2）1987年后，塔里木灌区-阿拉尔垦区的气候呈"春暖-夏暖-秋冷-冬冷"的动态变化，四季日照时数均呈增加趋势，2000年后春、夏、秋季日照时数增加明显，四季潜在蒸散均呈增加趋势，春季增幅最大，春季、夏季暖干化程度加剧，干旱灾害不断增加，尤其是春季；秋季、冬季冷干化程度加剧，低温灾害不断增加。

2. 塔里木灌区-阿拉尔垦区膜下滴灌棉花产量和生育期的动态变化及其对气候变化的响应

（1）塔里木灌区-阿拉尔垦区膜下滴灌棉花产量呈增加趋势，增幅为 34.89 kg/10 a，平均初日 ≥ 12 ℃、平均终日 ≥ 12℃ 平均提前了 −0.82 d/1 a 和 0.14 d/1 a，平均持续天数 ≥ 12℃ 平均延长了 0.68 d/1 a。

（2）塔里木灌区-阿拉尔垦区膜下滴灌棉花产量的增幅主要与灌区内终日 ≥ 12 ℃ 提前有关，与持续天数 ≥ 12 ℃ 的延长有关，与初日 ≥ 12 ℃ 的提前关系不明显，与春季平均气温和平均最高气温的降低关系密切，与春季日照时数的增加关系密切，与夏季平均最高气温的升高关系密切，与其他时段各气候要素变化关系不明显。

3. 塔里木灌区-阿拉尔垦区膜下滴灌棉花种植的气候适应性改进措施

（1）提高中、短期天气预测和预报准确率，合理调整棉花播栽期，延长棉花生育期。

（2）发展节水农业，提高棉田水分利用率。

（3）选育优良品种。

（4）加强田间管理，有效防御各种自然灾害。

本书共分五章，由塔里木大学牛建龙副教授和塔里木大学柳维扬副教授联合执笔完成。其中，牛建龙副教授撰写了本书的第二章、第三章和第四章，柳维扬副教授撰写了本书的第一章和第五章。

本书受到国家自然基金（31371582，41161037、41561068）、中国农业科学院棉花生物学国家重点实验室开放课题（CB2016A12）和塔里木大学校长基金（TDZKQN201602）联合资助。

另外，在本著作的撰写过程中，得到了中国科学院东北生态与地理研究所博士、塔里木大学迟春明副教授的指导与帮助，在此表示感谢！

因作者水平有限，书中难免存在缺点和疏漏，恳请读者批评指正。

目 录

第一章 引 言

一、气候变化与棉花种植

（一）新疆棉花种植情况

新疆是我国最古老、面积最大的产棉区。与国内其他棉区相比，新疆棉区具备热量丰富、光照充足、宜棉荒地广阔和具有大规模可调控灌溉系统等优势。多年来，新疆的 1～2 级棉花占全国的 80%左右，棉花商品率高达 97.5%，居于全国之首，已经成为区域乃至全国棉花生产的龙头支柱产业。据统计，2002 年新疆皮棉产值占农业总产值的 23.6%，占种植业产值的 34%，占 GDP 的 7.74%，全疆农、牧民人均纯收入中 15.4%来自棉花，重点棉区农民纯收入的 60%～70%来自棉花。受棉花价格大幅上扬的影响，2004 年新疆棉花播种面积达 1 113.54 km²，比上年增长 7.6%，棉花总产量为 175 万吨，平均单产 105 kg；2005 年新疆棉花种植面积 1 164.7 km²，总产量 189 万吨；2006 年棉花产量达到 218 万吨，占全国总产量的 32.54%，平均单产达到 113 kg，比全国平均单产高 36%；2013 年新疆棉花种植面积约占全国 35%左右，新疆维吾尔自治区财政 15%来自棉花及其相关产业（新疆年鉴，2013）。

20 世纪 90 年代开始，新疆生产建设兵团在棉花生产上发展了膜下滴灌技术，滴灌面积已达 2 800 多万亩。据统计，棉花产业已占总种植业总产值的 65%～70%，农民人均收入 35%左右来自棉花，塔里木灌区主产区更高，高达 60% 以上，已经成为新疆国民经济的主导产业和农民增收的主要途径（王平等，2005）。

（二）气候变化

当今，气候变化问题已经受到国内外学者的关注，其对农业生产影响最大。IPCC 第四次报告指出，1906—2005 年全球平均气温升高了 0.74 ℃，自 20 世纪 90 年代以后明显加速，未来 100 a 全球平均气温将升高 1.1 ~ 6.4 ℃（IPCC，2007）。IPCC 第五次报告指出，与 1986—2005 年相比，2016—2035 年全球平均气温可能升高 0.3 ~ 0.7 ℃，2081—2100 年可能上升 0.3 ~ 4.8 ℃（IPCC，2013），近 50 年中国年平均气温增加了 1.1 ℃，增温速率为 0.22 ℃/10 a（丁一汇等，2006），预计到 21 世纪后期将升高 1.9 ~ 5.5 ℃（赵宗慈等，2007），但这种增暖趋势在不同纬度和不同地区间差异较大（靳立亚等，2004），自 20 世纪 90 年代中期以来，新疆北部出现了由暖干到暖湿的气候转变，90 年代后气温加速上升，降水量也呈上升趋势（施雅风等，2003；胡汝骥等，2002；姜大膀等，2009；张家宝等，2002），塔里木河流域 20 世纪 90 年代出现由冷干到暖湿的信号转变（牛建龙等，2017），2009 年后出现了由暖湿到冷湿的动态变化（牛建龙等，2016），这种气候变化与变暖趋势将会导致区域乃至全球极端气象、气候灾害事件频发，蒸散量值改变及其重新分配，不仅导致了农作物种植结构与种植制度改变，作物生育期长短变化和作物产量波动，也会对区域乃至全球生态环境、人类社会的生产、消费和生活方式等诸多领域产生重要影响（IPCC，2007），已成为世界共同关注的重大科学问题（邱新法等，2003）。因此，要明确气候变化对区域棉花种植的影响及其适应措施，首先要搞清区域不同时段气候变化特征。

（三）气候变化对棉花种植的可能性影响

1. 气候变化对棉花生产的影响

1990 年以来，各国学者开始关注气候变化和 CO_2 浓度升高对棉花生产的影响。Luo Q（2011）认为温度是影响作物生长发育、产量及发育速率最重要的气象因子。Bang（2008）和 Luo（2014）等认为温度对棉花物候期的早晚、播种日期、生长季长度、棉花产量和品质有重要影响。Yang 等（2014）认为，气候变暖导致新疆棉花生育期缩短、产量增加。陈金梅等（2014）认为，气温上升导致病虫害发生程度和面积扩大，不利于棉花高产稳产。徐德源（1989）认为，新疆棉花生产与热量关系最密切，生长关键季节的热量不足与棉花品质有一定关系，生长季节热量不足对棉花产量影响较大。范文波等（2011）认为，石河子垦区 1981—2008 年间重大气象灾害时间间隔缩短，对棉花生产造成很大潜在威胁。综上所述，气候变化过程中光、热、水资源变化对棉花生长发育和产量形成作用重大。目前，关于气候变化对棉花种植的影响，主要通过整个时间尺度来分析区域棉花种植对气候的响应，通过不同时段来讨论气候变化对塔里木灌区棉花种植的影响研究较少。

2. 农业气候变化适应性对策

气候变化及其不确定性将改变区域农业气候资源量值使其重新分配，导致极端气候事件和气候灾害频发，将给农业生产带来巨大挑战。近些年，农业生产应对气候变化已经引起国内外学者广泛关注，主要适应措施包括以下几个方面。

（1）合理调整作物种植布局。Chen 等（2012）认为，东北三省水稻种植界限向北扩展。刘彦随等（2010）认为，喜温作物界限北移，晚熟作物品种种植面积将会增加。杨晓光等（2010）认为，近 30 年来，气候变暖使得热量资源增加，我国南方双季稻可种植北界向北推进 300 km，冬小麦种植北界北移西扩 20 ~ 200 km。

（2）选育优良品种。Tao 等（2006）认为，针对区域气候变化，选育资源利用效率高、抗逆性强的新品种，可有效适应气候变化。李茂松等（2005）认为，华北地区冬小麦适宜栽培的品种向弱冬性方向演化是应对气候变暖的适应性措施，可使得小麦稳产和高产。

（3）调整作物播栽期。Tao（2014）和 Liu（2013）等认为，热量增加导致各地播栽期发生变化，东北地区春玉米早播可提升 4%的产量。

（4）加强农田基础建设，发展节水农业。宋风斌和王志春（2002）认为，农田防护林可使得地表风速减少 30% ~ 40%，相对湿度提高 10% ~ 20%，地面蒸发速率下降 29.2%，土壤含水量增加 20% ~ 30%。胡晓棠和李明思等认为，膜下滴灌技术可节水 40% ~ 50%，提高棉花产量 20% 左右。

综上所述，气候变化对农业生产影响最大，重点影响作物种植结构和制度的改变、作物播栽期和生育期的改变和作物产量的波动。因此，探讨塔里木灌区气候变化对膜下滴灌棉花种植的影响及其适应性措施意义重大。

二、研究目的和意义

塔里木灌区，远离海洋，昼夜温差大，干旱少水，光热资源丰富，具有棉花生长的天然自然环境条件，已成为新疆南部重要的国家级棉花生产基地之一。20 世纪 70 年代，塔里木绿洲区气温增高（李江风，1991）、冬季增温超过 0.22 ℃/10 a（耿庆龙等，2014），20 世纪 90 年代后出现由冷干到暖湿的信号转变（牛建龙等，2017），2009 年后出现了由暖湿到冷湿的动态变化（牛建龙等，2016），这种气候变化的不确定性改变了灌区农业气候要素量值及使其重新分配、棉花种植制度和结构、棉花生育期长短及产量。因此，本研究选取塔里木灌区-阿拉尔垦区为主要研究区域，运用数理统计方法，重点分析了塔里木灌区-阿拉尔垦区主要气候要素和农业气候要素量值及其分配情况，探明灌区气候变化对膜下滴灌棉花种植的影响，并提出合理的适应措施，旨在为灌区农业气候资源高效利用、棉花种植规划、基地建设和适应性对策提供理论依据，为有效防御灌区农业气象灾害和保持棉花"高产、高效、优质、生态、安全"提供科学依据。

三、研究目标与研究内容

（一）研究目标

以塔里木灌区-阿拉尔垦区为研究区域，运用统计学方法，旨在发现塔里木灌区-阿拉尔垦区主要气候要素和农业气候要素的量值及其变化规律，探明塔里木灌区-阿拉尔垦区主要气候要素和农业气候资源动态变化对膜下滴灌棉花种植的影响，并提出合理的适应性措施，为塔里木灌区-阿拉尔垦区农业气候资源的高效利用、农业气象灾害防御和棉花的"高产、高效、优质、生态、安全"提供科学依据。

（二）研究内容

1. 塔里木灌区-阿拉尔垦区主要气候要素和农业气候资源的量值及其变化特征

利用塔里木灌区-阿拉尔垦区 1961—2013 年逐日地面气象资料（最

高气温、最低气温、平均气温、日照时数、降水量），运用气候倾向率、Mann-Kendall（M-K）非参数检验、自相关分析方法，分析塔里木灌区-阿拉尔垦区不同时段气候要素和农业气候资源的量值及其动态变化。

2. 塔里木灌区-阿拉尔垦区膜下滴灌棉花生育期和产量的动态变化及其对气候变化的响应和适应措施

利用塔里木灌区-阿拉尔垦区 2000—2014 年逐年棉花产量数据和同期该区域逐日地面气象资料（最高气温、最低气温、平均气温、日照时数、降水量），运用气候倾向率、五日滑动平均气温法、距平、距平相关性和多元回归统计分析方法，确定塔里木灌区-阿拉尔垦区主要气候要素和农业气候资源动态变化规律、膜下滴灌棉花生育期和产量动态变化规律及其对气候变化的响应，并提出相应的适应性措施。

四、项目创新点

（1）运用长时间序列逐日地面气象资料，度量了塔里木灌区-阿拉尔垦区不同时段主要气候要素和农业气候要素量值及其动态变化，能较为客观地反应灌区气候和农业气候资源的实际动态演变。

（2）选取膜下滴灌措施棉花产量和同期气象数据，运用距平相关思维和多元统计分析方法来度量塔里木灌区-阿拉尔垦区膜下滴灌棉花生育期和产量变化的气象原因，较为客观。

五、研究思路与技术路线

根据利用塔里木灌区-阿拉尔垦区 1961—2013 年逐日地面气象资料，运用数理统计方法，搞清楚塔里木灌区-阿拉尔垦区主要气候要素和农业气候资源的动态变化；结合塔里木灌区-阿拉尔垦区 2000—2014 年逐年棉花产量数据和同期该区域逐日地面气象资料，运用距平、距平相关性和多元统计分析方法，确定塔里木灌区-阿拉尔垦区主要气候要素和农业气候资源动态变化、膜下滴灌棉花生育期和产量动态变化及其对气候变化的响应，并提出相应的适应性措施（见图 1-1）。

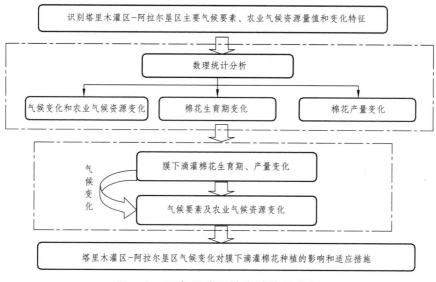

图 1-1　研究思路及技术路线示意图

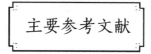

[1]　IPCC.Climate Change 2007:Impacts，Adaptationand Vulner ability. Contribution of Working Group II to the Fourth Assessment Report of the Intergovernmental Panel on Climate Change[M]. Cambridge,UK and New York, USA: Cambridge University Press, 2007.

[2]　IPCC.Climate change 2013:The Physical Science Basis. Contribution

of Working Group I to the Fifth Assessment Report of the Intergovernmental Panel on Climate Change[M]. Unitedkingdom and New York, NY, USA: Cambridge University Press, Cambridge, 2013: 1535.

[3] IPCC.Climate Change 2007. The Physical Science Basis, Contribution of Working Group I to the Fourth Assessment Report of the Intergovernmental Panel on Climate Change[M]. New York, USA: Cambridge University Press, 2007.

[4] LUO Q. Temperature thresholds and crop production: a review. Climate Change, 2011, 109(3): 583-598.

[5] BANGEMP, CATON SJ, MILROY SP.managing yields ofhigh fruit in transgenic cotton using sowing data.Australian journal of agricultural research, 2008, 59: 733-741.

[6] LUO Q, MICHAEL B, LORETTA C. Cotton crop phonology in a new temperature regime. Ecologicalmodelling, 2014, 285: 22-29.

[7] YANG Y M,YANG Y H,HAN S. M,et al.Predicting of cotton yield and water demand under climate change and future adaptationmeasures. Agricultural Watermanagement, 2014, 144: 42-53.

[8] LIU Z J,HUBBARDK G, Lin X M, et al. Negative effects of climate warming onmaize yield are reversed by the changing of sowing data and cultivar selection in Northeast China. Global Biology, 2013, 19 (11) : 3481-3492.

[9] TAO FL, MASAYUKI Y, XU YL, et al. Climate change and trends in phonology and yields of field crops in China during 1981-2000. Agricultural and Forestmeteorology, 2006, 138:82-92.

[10] TAO F, ZHANG S, ZHANG Z, et al.maize growing duration was prolonged across China in the past three decades under the combined effects of temperature, agronomicmanagement and cultivar shift.Global Change Biology, 2014.

[11] CHEN CQ, QIAN CR, DENG AX, et al. Progressive and active adaptation of cropping system to climate change in Northeast China. European Journal of Agronomy, 2012, 38: 94-103.

[12] 丁一汇, 任国玉, 石广玉, 等. 气候变化国家评估报告: 中国气候变化的历史和未来趋势 I [J]. 气候变化研究进展, 2006, 2 (1): 3-8.

[13] 赵宗慈, 王绍武, 罗勇.IPCC 成立以来对温度升高的评估与预估[J]. 气候变化研究进展, 2007, 3 (3): 183-184.

[14] 施雅风, 沈永平, 李栋梁, 等. 中国西北气候由暖干向暖湿转型的特征和趋势探讨[J]. 第四纪研究.2003, 23 (2): 152-164.

[15] 姜大膀, 苏明峰, 魏荣庆, 等. 新疆气候的干湿变化及其趋势预估[J].大气科学, 2009, 3 (1): 90-98.

[16] 张家宝, 袁玉江. 试论新疆气候变化对水资源的影响[J]. 自然资源学报, 2002, 17 (1): 28-34.

[17] 李江风. 新疆气候. 北京: 气象出版社, 1991, 270-302.

[18] 牛建龙, 柳维扬, 王家强, 等. 塔里木河干流流域气候变化特征及其突变分析[J]. 灌溉排水学报, 2017, 36 (2): 106-112.

[19] 牛建龙, 彭杰, 王家强, 等. 新疆阿拉尔地区近 53 年气候变化特征分析[J]. 干旱区资源与环境, 2016, 30 (1): 72-77.

[20] 耿庆龙, 陈署晃. 环塔里木盆地近 55 a 农业气候变化特征分析[J]. 新疆农业科学, 2014, 47 (9): 1797-1802.

[21] 靳立亚，李静，王新，等. 近50年来中国西北地区干湿状况时空分布[J].地理学报，2004，59（6）：847-854.

[22] 邱新法，刘昌明，曾燕. 黄河流域近40年蒸发皿蒸发量的气候变化特征[J]. 自然资源学报，2003，18（4）：437-442.

[23] 宋凤斌，王志春. 大气中CO_2浓度增加对作物生产的影响[J]. 农业系统科学与综合研究，2002，18（4）:249-256.

[24] 李茂松，李章成，王道龙，等.50年来我国自然灾害变化对粮食产量的影响[J]. 自然灾害报，2005，14（2）：55-60.

[25] 刘彦随，刘玉，郭丽英. 气候变化对中国农业生产的影响及应对措施[J]. 中国生态农业学报，2010，18（4）：905-910.

[26] 杨晓光,刘志娟,陈阜. 全球变暖对中国种植制度的可能性影响Ⅰ：气候变暖对中国种植制度北界和粮食生产可能影响的分析[J]. 中国农业科学，2010，43（2）：329-336.

[27] 王平，陈新平，田长彦，等. 新疆南部地区棉花施肥现状及评价. 干旱区研究[J]，2005，22（2）：264-269.

[28] 徐德源. 新疆农业气候资源区划[M]. 北京：气象出版社，1989.

[29] 范文波，江煜，吴普特，等. 新疆石河子垦区50年气候变化对棉花种植的影响[J]. 干旱地区农业研究，2011，29（6）：244-248.

[30] 陈金梅，沈建知，王剑峰. 气候变化对新疆乌苏市棉花生产的影响及应对措施[J]. 中国棉花，2009，06：31.

第二章 资料与方法

一、研究区域概况

塔里木灌区-阿拉尔垦区（80°30′~81°58′ E；40°22′~40°57′ N）地处新疆南部，塔里木河上游流域，区域面积约 5 200 km²，人口约为 29.8 万。该区域远离海洋，干旱少雨，多年平均降水量仅为 48.5 mm（牛建龙等，2016），年蒸发量可达 1 703.0~2 529.1 mm（牛建龙等，2016）；四季分明，热量资源丰富，多年年平均气温为 10.8 ℃，无霜期为 185~210 d，≥10℃ 活动积温为 3 300.0~4 350 ℃；光照资源丰富，年日照时数为 2 394.5~3 311.8 h（牛建龙等，2017），年日照百分率为 69%~72%，生态环境极度脆弱，气候敏感性极强，属于典型的暖温带极端干旱沙漠气候带（张家宝等，2002）；区域土壤疏松，沙漠化、荒漠化和盐碱化严重，大风、沙尘天气严重；植被覆盖度低，主要以盐化草甸土、盐化林灌草甸土、盐土、绿洲潮土、风沙土和沼泽土为主（梁匡一等，1990）；塔里木河是区域主要灌溉水源，其水分主要来自冰川和积雪融化，是新疆典型的荒漠绿洲农业区。2000 年后，塔里木灌区-阿拉尔垦区基本实现了棉田膜下滴灌全覆盖技术，已经成为南疆地区重要的农、林、牧业灌溉区，新疆重要的粮食和名优特果品基地，国家级棉花基地，其发展地位十分重要（奚秀梅等，2006；牛建龙等，2015）。

二、资料与处理

本研究所使用的塔里木灌区-阿拉尔垦区 1961—2014 年逐日地面气象资料主要来源于中国气象数据网（http://data.cma.cn/），主要数据包括：最高气温、最低气温、平均气温、降水量和日照时数，分别求和（平均）求算逐站（点）逐月、季、年气候要素值；2000—2014 年逐年棉花产量资料主要来源于《新疆生产建设兵团统计年鉴》。

三、主要研究方法

（一）气候趋势系数和气候倾向率

1. 气候趋势系数

气候趋势系数（ r_{xt} ）定义为样本长度为 n 的要素的时间序列与自然数列 1，1，2，3，n 之间的相关关系（施能等，1996）。其计算表达式见式 2.1。

$$r_{xt} = \frac{\sum_{i=1}^{n}(x_i - \overline{x})(i - \overline{t})}{\left[\sum_{i=1}^{n}(x_i - \overline{x})^2 \sum_{i=1}^{n}(i - \overline{t})^2\right]^{1/2}} \qquad 2.1$$

式中，x_i 为序列要素值，$i=1,2,3...,n$ ；$\overline{x} = \frac{1}{n}\sum_{i=1}^{n}x_i$ ，为要素序列 x_i 的平均值；$\overline{t} = \frac{1}{n}\sum_{i=1}^{n}t_i$ ，为自然数列 $i=1,2,3...,n$ 的平均值；n 为样本的长度，通常指年份。由于气候趋势系数（ r_{xt} ）是无单位的，通常可采用相关系数的统计检验方法或蒙特卡罗的统计检验方法来检验 r_{xt} 是否统计显著，根据 r_{xt} 数值大小比较并推断不同气象要素的长期趋势大小。

2. 气候倾向率

气候倾向率，主要采用 x_i 表示要素序列为 n 的某一气候变量，用 t_i 表示 x_i 所对应的时间，通过建立 x_i 与 t_i 之间的一元线性回归方程，用一条直线来表示要素序列 x_i 和时间 t_i 之间的关系，来判断要素序列的整体变化趋势是上升还是下降。其计算表达式见式 2.2。

$$x_i = a + bt \qquad t = 1, 2, 3, \cdots, n \qquad\qquad 2.2$$

式中，a 为常数，b 为回归系数。a 和 b 的求算主要采用最小二乘法，其计算表达式见式 2.3。

$$\begin{cases} b = \dfrac{\displaystyle\sum_{i=1}^{n} x_i t_i - \dfrac{1}{n}\left(\sum_{i=1}^{n} x_i\right)\left(\sum_{i=1}^{n} t_i\right)}{\displaystyle\sum_{i=1}^{n} t_i^2 - \dfrac{1}{n}\left(\sum_{i=1}^{n} t_i\right)} \\ a = \bar{x} - b\bar{t} \end{cases} \qquad\qquad 2.3$$

式中，b 的大小可反应要素系列上升或下降的倾向程度。当 b 为正（负）时，表示要素序列在计算时间段内线性增加（减弱）。通常将回归系数（b）的 10 倍称为该气象要素的气候倾向率，单位为序列要素的单位/10 倍时间单位。

其中，气候趋势系数（r_{xt}）和回归系数（b）也有一定的关系，具体计算表达式见式 2.4。

$$b = r_{xt} \frac{\sigma_x}{\sigma_t} \qquad\qquad 2.4$$

式中，σ_x，σ_t 分别是要素 x 和自然数列的均方差。

（二）mann-Kendall 非参数检验方法

Mann-Kendall（黄嘉佑，1990）方法最初是由 Mann 和 Kendall 提出，

是一种非参数检验方法，其优点是不需要样本遵循一定的分布，也不受少数异常值的干扰，广泛应用于气象与水文变量的检测（HAMEDKH，2008；WESTMACOTT J R et al.，1997）。其计算过程如下：

（1）对于样本长度为 n 的时间序列 x 构造秩序列，其计算表达式见式 2.5。

$$S_k = \sum_{i=1}^{k} r_i \quad k = 1, 2, 3..., n \qquad\qquad 2.5$$

式中，秩序列 S_k 是第 i 时刻大于 j 时刻数值个数的累计数。

（2）在时间序列随机独立的假定下，定义统计量，其计算表达式见式 2.6。

$$UF_k = \frac{|S_k - E(S_k)|}{\sqrt{Var(S_k)}} \quad (k = 1, 2, \cdots, n) \qquad\qquad 2.6$$

式中，E_{sk} 式和 $Var(S_k)$ 分别为累计数 S_k 的均值和方差。其计算表达式见2.7。

$$\begin{cases} E(S_k) = \dfrac{k(k-1)}{4} \\ Var(S_k) = \dfrac{k(k-1)(2k+5)}{72} \end{cases} \qquad\qquad 2.7$$

式中，UF_k 为标准正态分布

（3）构造逆序的统计量（UB_k）

按照时间逆序（$x_n, x_{n-1}, ..., x_1$），重复前述过程，并使 $UB_k = UF_k$，$k = n, n-1, ..., 1$，$UB_1 = 0$

（4）给定显著性水平 α（当取 $\alpha = 0.05$，$U_\alpha = \pm1.96$；当取 $\alpha = 0.01$，$U_\alpha = \pm2.57$），当 UF_k 或 $UB_k > 0$，表明序列呈上升的趋势变化；$UB_k < 0$ 表明序列呈下降趋势。如果统计曲线 UF_k 和 UB_k 在临界线之间出现交点，

则交点对应的时刻就是突变发生的时间（肖艳，2010）。

（三）距平与累计距平

距平，又称为离差，表示气候变量偏离正常情况的量，通常指某一系列数值中的一个数值与平均值的差，可分为正距平和负距平。其计算表达式见式 2.8。

$$d = x_i - \bar{x}$$ 2.8

式中，d 为距平，若 $d > 0$，表示该数值比某个长期平均值偏高；若 $d < 0$，表示该数值比某个长期平均值偏低。x_i 为长时间序列中对应的某一数值。$\bar{x}$ 为 x_i 对应的长时间序列数值的平均值。

累计距平是一种常用的曲线直观判断变化趋势的方法。对于序列 x_i，其某一时刻 t 的累计距平表达式见式 2.12。

$$LP_i = \sum_{i=1}^{i=t} (x_i - \bar{x}) \quad （ t = 1, 2, \dots n ）$$ 2.9

其中，$\bar{x} = \dfrac{1}{n} \sum_{i=1}^{n} x_i$

式中，LP_i 为第 i 年的累计距平值，x_i 为第 i 年的对应的数值，$\bar{x}$ 为 x_i 对应的多年的某要素的平均值。当 LP_i 呈上升趋势，表示距平值增加；当呈下降趋势，表示距平值减小；当 LP_i 曲线存在上下起伏，可判断序列长期演变趋势及持续时间，也可考察短期距平值的变化，甚至可诊断出发生突变的大致时间。

（四）相关性分析

Pearson 相关系数是描述两个随机变量线性相关的统计量。设两变量

分别为 $x_1, x_2, \ldots, x_n$；$y_1, y_2, \ldots, y_n$，其相关系数（ r ）的计算表达式见式 2.13。

$$r = \frac{\sum\limits_{i=1}^{n}(x_i - \bar{x})(y_i - \bar{y})}{\sqrt{\sum\limits_{i=1}^{n}(x_i - \bar{x})^2}\sqrt{\sum\limits_{i=1}^{n}(y_i - \bar{y})^2}} \qquad 2.10$$

式中，r 为相关系数，其取值在 $-1.0 \sim +1.0$ 之间，当 $r = 0$，表示两变量相互独立，当 $r > 0$，表示两变量正相关，越接近 1.0，正相关越显著；当 $r < 0$，表示两变量呈负相关，越接近 -1.0，负相关越显著。至于是否显著，需要经过显著性检验。

（五）五日滑动平均气温法

1. 高于或等于某界限温度起始日期（初日）的求算步骤

（1）在春季升温的季节里，从逐日日平均气温资料中，找出日平均气温第 1 次出现高于或等于某界限温度的日期。

（2）向前推四天。

（3）按日序依次计算出对应序列的五日滑动平均气温值。

（4）在五日滑动平均气温的序列中，找出 1 年中高于或等于某界限温度的最长五日滑动平均气温序列，并选取第 1 个高于或等于某界限温度的五日滑动平均气温值。

（5）从组成该五日滑动平均气温值的 5 天中，选取第 1 个日平均气温高于或等于某界限温度的日期，即为某地某年高于或等于某界限温度的起始日期（初日）。

2. 高于或等于某界限温度终止日期（终日）的求算步骤

（1）在秋季降温的季节里，从逐日日平均气温资料中，找出日平均气温第 1 次出现小于某界限温度的日期。

（2）向前推四天。

（3）按日序依次计算出五日滑动平均气温值，直到出现第 1 个五日滑动平均气温小于界限温度值为止。

（4）在五日滑动平均气温的最长序列中，选取最后一个高于或等于某界限温度的五日滑动平均气温值。

（5）从组成该五日滑动平均气温值的五天中，选取最后一个日平均气温高于或等于某界限温度的日期，即为某地某年高于或等于某界限温度的终止日期（终日）。

（六）Penman-Monteith（P-M）模型

该模型是估算潜在蒸散量（ET_0）最常用的方法。其中，参考作物是一种假想作物，高度 0.12 m，叶面阻力为 70 m·s^{-1}，反照率为 0.23，高度一致，正常生长，大面积覆盖地面，水分供应充足的绿色草类植被（刘丙军等，2006）。其表达式如 2.19、2.20 所示。

$$ET_0 = \frac{0.408\Delta(R_n - G) + \gamma \dfrac{900}{T+273} U_2(e_s - e_a)}{\Delta + \gamma(1 + 0.34U_2)} \qquad 2.11$$

$$G = 0.1(T_i - T_{i-1}) \qquad 2.12$$

式中：ET_0 为参考作物蒸散量 (mm·d^{-1})；Δ 为饱和水汽压曲线斜率 (kPa·°C^{-1})；R_n 为净辐射 (MJ·m^{-2}·d^{-1})；G 为土壤热通量密度 (MJ·m^{-2}·d^{-1})；U_2 为 2 m 高度的风速 (m·s^{-1})；T 为日平均气温（°C）；$(e_s - e_a)$ 为饱和水汽压与实际水汽压差 (kPa)；γ 为干湿表常数 (kPa·°C^{-1})；T_i 和 T_{i-1} 为第 i 日和第 $i-1$ 日平均气温（°C）。

其中，辐射平衡中太阳总辐射 R_s 的表达式为：

$$R_s = \left[a + b \left(\frac{n}{N} \right) \right] R_a \qquad\qquad 2.13$$

式中：R_s 为太阳总辐射 $(MJ \cdot m^{-2} \cdot d^{-1})$；$R_a$ 为天文辐射 $(MJ \cdot m^{-2} \cdot d^{-1})$；$n$ 为日照时数 (h)；N 为可照时数 (h)。a、b 为经验系数，采用祝昌林（1982）推荐的西北地区的参数值，取 $a = 0.225$，$b = 0.525$。

（七）干燥度

干燥度可以反映一个地区气候干湿状况，主要采用由英国气象学家 H.L.彭曼 1948 年提出的计算公式（段若溪等，2002），其计算表达式见式 2.14。

$$K = \frac{ET_p}{P} \qquad\qquad 2.14$$

式中，K 为干燥度；ET_p 为年潜在蒸散量（mm）；P 为年降水量（mm）。其中，K 值越高，表明气候越干燥，所在地区的植被越趋于干旱化。当 $0.125 \leqslant K \leqslant 0.25$ 的地区为超湿润地区，$0.25 \leqslant K \leqslant 0.50$ 为极湿润地区，$0.50 \leqslant K \leqslant 1.00$ 为湿润区，$1.00 \leqslant K \leqslant 2.00$ 为亚湿润区，$2.00 \leqslant K \leqslant 4.00$ 为半干旱区，$4.00 \leqslant K \leqslant 8.00$ 为干旱区，$8.00 \leqslant K \leqslant 16.00$ 为极干旱区；$16.00 \leqslant K \leqslant 32.00$ 为超干旱区。

主要参考文献

[1]　HAMEDKH. Trend detection inhydrologic data: themann　Kendall trend test under the scalinghypothesis [J]. Journal ofhydrology, 2008, 349(3): 350-363.

［2］ WESTMACOTT J R, BURN Dh. Climate change effects on thehydrologic regime within the Churchill-Nelson River Basin[J]. Journal ofhydrology, 1997, 202(1): 263-279.

［3］ 牛建龙，彭杰，王家强，等. 新疆阿拉尔地区近 53 年气候变化特征分析[J]. 干旱区资源与环境，2016，30（1）：72-77.

［4］ 牛建龙，葛广华，王家强，等.1961—2010 年塔里木灌区蒸发皿蒸发量变化特征及影响因素分析，气象与环境学报，2016，32（3）：71-76.

［5］ 牛建龙，王家强，周烜，等. 南疆阿拉尔地区近 53 年日照时数变化特征分析[J]. 塔里木大学学报，2017，29（1）：126-132.

［6］ 张家宝，袁玉江. 试论新疆气候变化对水资源的影响[J]. 自然资源学报，2002，17（1）：28-34.

［7］ 梁匡一，刘培君. 塔里木河两岸资源与环境遥感研究[M]. 北京：科学技术文献出版社，1990，1.

［8］ 奚秀梅，段树国，海米提·依米提. 塔里木河中游径流变化分析[J]. 水土保持研究，2006（13）：115-117.

［9］ 牛建龙，王煜东，彭杰，等. 塔里木灌区参考作物蒸散与蒸发皿蒸发量比较分析.灌溉排水学报，2015，34（9）：88-92.

[10] 施能，曹鸿兴，施能，等. 近 42 年我国冬季气温、降水趋势及年代际变化的成因分析[J]. 我国短期气候变化及成因研究. 北京：气象出版社，1996，49-54.

[11] 黄嘉佑. 气象统计分析与预报方法 [M]. 气象出版社，1990，101-105.

[12] 肖艳. 近 48 年来湘江流域极端强降水事件的时空特征分析[D]. 湖南师范大学，优秀硕士论文，2010，5-9.

[13] 段若溪，姜会飞. 编著. 农业气象学. 北京：气象出版社，2002.

[14] 刘丙军,邵国东,沈新平. 参考作物腾发量计算方法适用性分析[J]. 灌溉排水学报，2006，25（3）：9-12.

[15] 祝昌汉. 再论总辐射的气候学计算方法（二）[J]. 南京气象学院学报，1982，（2）：196-205.

第三章　塔里木灌区气候变化特征及其突变

一、数据来源与研究方法

（一）数据来源

选取选取阿拉尔市气象局 1961—2013 年逐日地面气象观测值，主要包括：平均气温、最高气温、最低气温、日照时数和降水量。

（二）估算（计算）方法

潜在蒸散的估算主要采用 Penman-Monteith（P-M）模型；平均气温、平均最高气温、平均最低气温、日照时数、降水量和潜在蒸散的突变点分析主要采用 Mann-Kendall 非参数检验，年际动态变化主要采用最小二乘法，年代际动态变化主要采用距平和累积距平方法。

二、结果与分析

（一）气温和降水变化规律及其突变

1. 气温和降水年变化规律及其突变

塔里木灌区-阿拉尔垦区年气温和降水量变化趋势分别见表3-1和图3-1。近53年来，塔里木灌区-阿拉尔垦区阿拉尔地区年平均气温、年平均最高气温、年平均最低气温和年平均降水量分别为 10.8 ℃、19.3 ℃、3.8 ℃ 和 48.5 mm，年际间波动较大；年平均气温、年平均最高气温和年平均最低气温突变点均为 1987 年（$p < 0.01$）；年降水量突变点不明显（$p > 0.05$）。1987 年前，年平均气温、年平均最低气温较低，分别为 10.7 ℃ 和 3.5℃，均呈增加趋势，增幅分别为 0.028 ℃/10 a（$p < 0.05$）和 0.13 ℃/10 a（$p < 0.05$）；年平均最高气温较高，为 18.9 ℃，呈减少趋势，减幅为 0.207 ℃/10 a（$p < 0.01$）；1987 年附近，年平均气温、年平均最低气温达最高值，分别为 10.9 ℃ 和 3.7 ℃，年平均最高气温最低，为 18.7 ℃；1987 年后，年平均气温、年平均最低气温均呈下降趋势，减幅分别为 0.063 ℃/10 a（$p < 0.01$）和 0.115 ℃/10 a（$p < 0.01$），至 21 世纪初期分别为 10.7 ℃ 和 3.5 ℃，年平均最高气温为 19.1 ℃，呈增加趋势，但增幅不明显（$p > 0.05$）。

表 3-1　塔里木灌区-阿拉尔垦区年、季气温和降水量变化趋势（1961—2013）

时段		平均气温		最高气温		最低气温		降水量	
		倾向率	相关系数	倾向率	相关系数	倾向率	相关系数	倾向率	相关系数
		℃/10 a	r	℃/10 a	r	℃/10 a	r	mm/10 a	r
1961—1987	春	−0.136	−0.286	−0.431	−0.355	0.021	−0.321	1.682	−0.430*
	夏	−0.080	−0.343	−0.260	−0.542**	0.015	−0.287	5.699	−0.570*
	秋	−0.098	−0.581**	−0.137	−0.372	−0.008	−0.486*	−4.192	−0.475*
	冬	0.424	−0.351	0.264	−0.357	0.572	−0.397*	0.115	0.094
	年	0.028	−0.401*	−0.207	−0.529**	0.130	−0.429*	4.614	−0.556**
1987—2013	春	0.498	−0.270	0.933	−0.077	0.194	−0.478*	0.156	−0.162
	夏	0.047	−0.313	0.189	−0.372	−0.044	−0.460*	−1.670	−0.272
	秋	−0.117	−0.617**	0.407	−0.328	−0.004	−0.650**	2.354	−0.357
	冬	−0.681	−0.594**	−0.478	−0.467*	−0.606	−0.610**	0.268	−0.345
	年	−0.063	−0.628**	0.263	−0.293	−0.115	−0.704**	−0.054	−0.202
1961—2013	春	0.083	−0.138	0.067	−0.073	0.088	−0.176	0.259	−0.119
	夏	−0.075	−0.196	−0.026	−0.223	−0.080	−0.369*	2.206	−0.222
	秋	−0.090	−0.384**	0.242	−0.197	0.012	−0.242	−0.550	−0.266
	冬	0.140	−0.363**	0.077	−0.264	0.241	−0.394**	0.822	−0.463
	年	0.022	−0.396**	0.072	−0.186	0.043	−0.378**	2.481	−0.088

**和*分别表示通过 0.01 和 0.05 信度的显著性检验

2. 气温和降水量季节性变化规律及其突变

塔里木灌区-阿拉尔垦区四季气温和降水量变化趋势分别见表 3-1 和图 3-1。近 53 年来，塔里木灌区-阿拉尔灌区平均气温、平均最高气温、平均最低气温四季突变点均在 1987 年（$p < 0.01$）；季降水量突变点不明显（$p > 0.05$）。1987 年前，春季平均气温、平均最高气温较高，分别为 14.4 ℃ 和 22.3 ℃，减幅不明显（$p > 0.05$），平均最低气温较低，为 6.6 ℃，增幅不明显（$p > 0.05$）；夏季平均气温、平均最高气温较高，分别为 24.1 ℃ 和 31.9 ℃，均呈减少趋势，减幅分别为 0.047 ℃/10 a（$p > 0.05$）和 0.26 ℃/10 a（$p < 0.01$），平均最低气温呈增加趋势，但增幅不明显（$p > 0.05$）；秋季平均气温、平均最低气温较高，分别为 10.3 ℃ 和 2.9 ℃，均呈减少趋势，减幅分别为 0.098 ℃/10 a（$p < 0.01$）和 0.008 ℃/10 a（$p < 0.05$），平均最高气温也较高，为 18.6 ℃，减幅不明显（$p > 0.05$）；冬季平均气温、平均最低气温和平均最高气温较低，分别为 -5.8 ℃、-12.5 ℃ 和 2.4 ℃，均呈增加趋势，增幅分别为 0.424 ℃/10 a（$p > 0.05$）、0.572 ℃/10 a（$p < 0.05$）和 0.264 ℃/10 a（$p > 0.05$）。1987 年后，春季平均最低气温呈增加趋势，增幅为 0.19 ℃/10 a（$p < 0.05$），平均气温和平均最高气温增幅不明显（$p > 0.05$），至 21 世纪初期，平均气温、平均最低气温和平均最高气温分别为 14.9 ℃、7.1 ℃ 和 22.9 ℃；夏季平均最低气温呈减少趋势，减幅为 0.044 ℃/10 a（$p < 0.05$），平均气温和平均最高气温呈增加趋势，但增幅不明显（$p > 0.05$），至 21 世纪初期，平均气温、平均最低气温和最平均最高气温分别为 23.9 ℃、31.8 ℃ 和 16.6 ℃；秋季平均气温和平均最低气温呈减少趋势，减幅分别为 0.117 ℃/10 a（$p < 0.01$）和 0.004 ℃/10 a（$p < 0.01$），平均最高气温增幅不明显（$p > 0.05$），至 21 世纪初期，平均气温、平均最低气温和平均

最高气温分别为 10.1 ℃、2.7 ℃ 和 19.9 ℃；冬季平均气温、平均最低
气温和平均最高气温均呈减少趋势，减幅分别为 0.681 ℃/10 a
（$p < 0.01$）、0.606 ℃/10 a（$p < 0.01$）和 0.478 ℃/10 a（$p < 0.05$），至 21
世纪初期，平均气温、平均最低气温和平均最高气温分别为 − 5.3 ℃、
− 11.6 ℃ 和 2.5 ℃。综上所述，塔里木灌区-阿拉尔地区自 1987 年以来，
呈"春暖-夏暖-秋冷-冬冷"的动态变化。

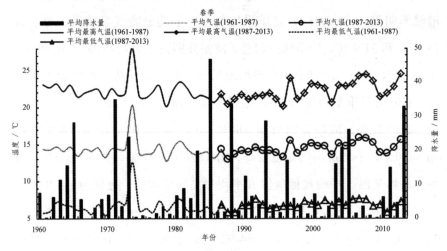

（a）春季 Spring

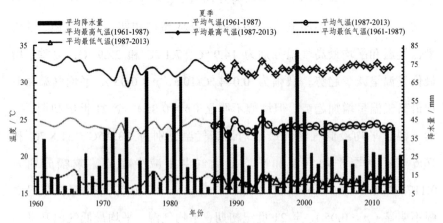

（b）夏季 Summer

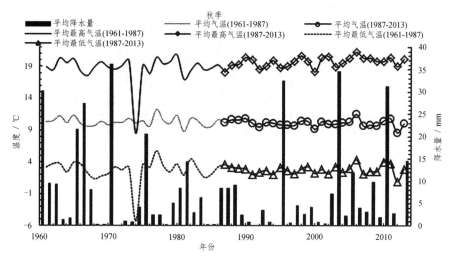

（c）秋季 Autumn

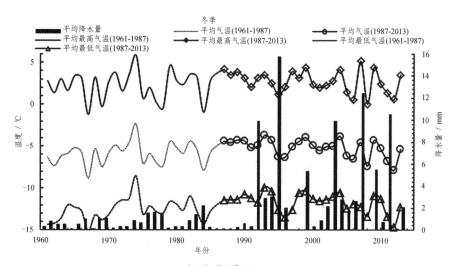

（d）冬季 Year

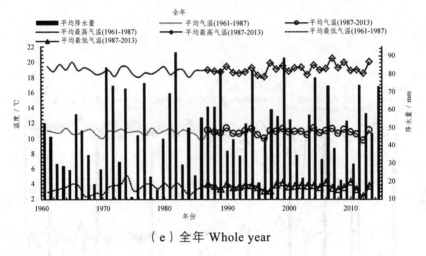

（e）全年 Whole year

图 3-1　塔里木灌区-阿拉尔垦区年、季气温和降水量过程变化曲线

（一）日照时数变化规律及其突变

1. 日照时数年变化规律及其突变

塔里木灌区-阿拉尔垦区年日照变化趋势和统计数据分别见表3-2和表 3-3。近 53 年来，塔里木灌区-阿拉尔垦区多年平均日照时数为 2 911.1 h，最高值为 3 311.8 h（1961 年），最低值为 2 394.5 h（1986 年），极差为 917.3 h，年际间波动较大，1987 年为年日照时数突变点（$p < 0.01$）。20 世纪 60 年代，年日照时数最高，为 3 035.3 h，呈减少趋势，但减幅不明显（$p > 0.05$）；20 世纪 70 年代，年日照时数次高，为 2 960.4 h，呈减少趋势，但减幅不明显（$p > 0.05$）；20 世纪 80 年代，年日照时数最低，为 2 789.4 h，呈增加趋势，但增幅不明显（$p > 0.05$）；20 世纪 90 年代，年日照时数较低，为 2 869.9 h，呈增加趋势，但增幅不明显（$p > 0.05$）；2000—2013 年，年日照时数较高，为 2 903.9 h，呈增加趋势，增幅为 431.4 h/10 a（$p < 0.01$）。综上所述，塔里木灌区-阿拉尔地区日照时数年际波动较大，1987 年前年日照时数的减幅（166.0 h/10 a）高于1987 年后年日照时数的增幅（57.9 h/10 a）。

表 3-2　塔里木灌区-阿拉尔垦区年、季日照时数变化趋势（1961—2013）

时段	年		春季		夏季		秋季		冬季	
	倾向率 h/10 a	相关性 r	倾向率 h/10 a	相关性 r	倾向率 h/10 a	相关性 r	倾向率 h/10 a	相关性 r	倾向率 h/10 a	相关性 r
1961—1970	−151.2	−0.521	−90.1	−0.707*	30.2	−0.048	124.8	−0.472	−103.8	−0.746*
1971—1980	−38.9	−0.261	−18.9	−0.271	24.7	−0.089	−8.4	−0.249	−36.3	−0.555
1981—1990	351.3	−0.471	108.0	−0.582	131.9	−0.577	68.7	0.363	53.8	−0.072
1991—2000	512.3	−0.269	98.6	−0.377	135.2	0.040	139.8	−0.356	138.7	−0.250
2000—2013	431.4	−0.819**	123.2	−0.847**	173.8	−0.755**	67.0	−0.820**	67.4	−0.534
1961—1987	−166.0	−0.710**	−63.9	−0.675*	−39.4	−0.569**	−21.2	−0.485**	−27.8	−0.646**
1987—2013	57.9	−0.531**	35.7	−0.570**	2.0	−0.553**	17.3	−0.567**	2.9	−0.365
1961—2013	−18.3	−0.587**	1.7	−0.502**	−7.0	−0.460**	−4.3	−0.441**	−8.9	−0.352**

**和*分别表示通过 0.01 和 0.05 信度的显著性检验

2. 日照时数季节变化规律及其突变

塔里木灌区-阿拉尔垦区四季日照时数变化趋势和统计数据分别见表 3-2 和表 3-3。近 53 年来，塔里木灌区-阿拉尔垦区夏、秋季日照时数较高，分别为 876.8 h 和 745.4 h，分别占多年均值的 30.1% 和 25.6%，尤以 6 月和 7 月日照时数最高，分别为 293.4 h 和 296.9 h；春、冬季日照时数较低，分别为 709.2 h 和 585.0 h，分别占多年均值的 24.4% 和 20.1%，尤以 12 月和 1 月日照时数最低，分别为 194.6 h 和 198.5 h，为"夏季＞秋季＞春季＞冬季"的季节分布，四季日照时数突变点均发生在 1987 年左右。20 世纪 60 年代，塔里木灌区-阿拉尔垦区四季（春、夏、秋、冬）日照时数分别为 741.2 h、912.5 h、764.5 h 和 617.0 h，均呈减少趋势，春、冬季减幅明显，减幅分别为 90.1 h/10 a（$p < 0.05$）和 103.8 h/10 a（$p < 0.05$），但夏、冬季减幅不明显（$p > 0.05$）；20 世纪 70 年代，四季日照时数分别为 715.4 h、891.8 h、765.5 h 和 587.6 h，均呈减少趋势，但减幅均不明显（$p > 0.05$）；20 世纪 80 年代，四季日照时数分别为 647.9 h、845.8 h、729.3 h 和 588.3 h，均呈增加趋势，但增幅均不明显（$p > 0.05$）；20 世纪 90 年代，四季日照时数分别为 699.6 h、879.5 h、724.1 h 和 566.1 h，均呈增加趋势，但增幅均不明显（$p > 0.05$）；2000—2013 年，四季日照时数分别为 734.5 h、854.5 h、744.0 h 和 570.0 h，均呈增加趋势，春、夏、秋季增幅明显，分别为 123.2 h/10 a（$p < 0.01$）、173.8 h/10 a（$p < 0.01$）和 67.0 h/10 a（$p < 0.01$），但冬季增幅不明显（$p > 0.05$）。综上所述，塔里木灌区—阿拉尔垦区日照时数季节性明显，为"夏季 > 秋季 > 春季 > 冬季"的季节分布，7 月份最高，12 月份最低；1987 年前四季（春、夏、秋、冬）日照时数减幅（63.9 h/10 a、39.4 h/10 a、21.2 h/10 a、27.8 h/10 a）高于 1987 年后四季日照时数增幅（35.7 h/10 a、2.0 h/10 a、17.3 h/10 a、2.9 h/10 a）。

表 3-3　塔里木灌区–阿拉尔垦区不同时段日照时数统计数据（1961—2013）

时段		日照时数/h	比例/%
月平均	1	198.5	6.8
	2	191.9	6.6
	3	214.6	7.4
	4	225.5	7.7
	5	269.2	9.2
	6	293.4	10.1
	7	296.9	10.2
	8	286.4	9.8
	9	264.1	9.1
	10	263.3	9.0
	11	217.9	7.5
	12	194.6	6.7

时段		日照时数/h	比例/%
季平均	春季	709.2	24.4
	夏季	876.8	30.1
	秋季	745.4	25.6
	冬季	585.0	20.1
年平均		2 911.1	100

（三）潜在蒸散量（ET_0）变化规律及突变分析

1. 潜在蒸散量（ET_0）年变化规律及其突变

表 3-4 和图 3-2 是塔里木灌区-阿拉尔垦区年、季 ET_0 变化趋势和过程曲线。近 53 a 来，塔里木灌区-阿拉尔垦区多年平均 ET_0 为 1 701.5 mm，最大值为 1 845.3 mm（1961 年），最小值为 1 521.0 mm（1990 年），极差为 324.3 mm，年际间波动较大；1987 年为年 ET_0 突变点（$p < 0.01$）。在 20 世纪 60、70 年代，年 ET_0 较高，均值为 1 728.5 mm，在 1987 年前，年 ET_0 减少（$p < 0.01$），减幅为 52.4 mm·$(10\ a)^{-1}$；20 世纪 80 年代末，年 ET_0 最低，为 1 675.3 mm；自 1987 年后，年 ET_0 增加（$p < 0.01$），增幅为 22.2 mm·$(10\ a)^{-1}$；到 21 世纪初期接近常年平均水平，为 1 700.0 mm。综上所述，塔里木灌区-阿拉尔垦区年 ET_0 年际间波动较大，呈"高-低-高"的动态变化，1987 年前的减幅（52.4 mm·$(10\ a)^{-1}$）高于 1987 年后的增幅（22.2 mm·$(10\ a)^{-1}$）。

表 3-4 塔里木灌区–阿拉尔垦区 1961—2013 年 ET_0 变化趋势

时段	年		春季		夏季		秋季		冬季	
	倾向率 mm·$(10\ a)^{-1}$	相关性 r	倾向率 mm·$(10\ a)^{-1}$	相关性 r	倾向率 mm·$(10\ a)^{-1}$	相关性 r	倾向率 mm·$(10\ a)^{-1}$	相关性 r	倾向率 mm·$(10\ a)^{-1}$	相关性 r
1961—1970	−56.9	−0.543	−33.3	−0.654*	9.0	−0.095	2.1	−0.688*	−34.8	−0.704*
1971—1980	−7.7	−0.222	−5.8	−0.257	8.0	−0.105	−7.2	−0.297	−2.8	−0.757*

时段	年		春季		夏季		秋季		冬季	
	倾向率 mm·(10 a)$^{-1}$	相关性 r	倾向率 mm·(10 a)$^{-1}$	相关性 r	倾向率 mm·(10 a)$^{-1}$	相关性 r	倾向率 mm·(10 a)$^{-1}$	相关性 r	倾向率 mm·(10 a)$^{-1}$	相关性 r
1981—1990	130.7	-0.191	39.8	-0.577	46.7	-0.555	22.8	0.433	21.3	-0.103
1991—2000	185.4	0.056	36.3	-0.307	45.3	0.049	50.5	-0.257	53.2	-0.294
2000—2013	154.0	-0.766**	49.2	-0.818**	57.8	-0.645*	24.1	-0.738**	22.9	-0.426
1961—1987	-52.4	-0.709**	-23.4	-0.464**	-12.7	-0.573**	-6.6	0.214	-9.7	-0.731**
1987—2013	22.2	-0.532**	14.3	-0.565**	0.4	-0.494*	6.4	-0.23	1.1	-0.294
1961—2013	-5.1	-0.460**	1.3	-0.485**	-2.4	-0.408**	-1.7	-0.108	-2.3	-0.265

**和*分别表示通过 0.01 和 0.05 信度的显著性检验。

2. 潜在蒸散量（ET_0）季节变化规律及其突变

表 3-4 和图 3-2 是塔里木灌区—阿拉尔垦区年、季 ET_0 变化趋势和过程曲线。塔里木灌区—阿拉尔垦区 ET_0 季节性明显，各季 ET_0 突变点均出现在 1987 年（$p < 0.01$）。春、夏季 ET_0 较大，分别为 477.3 mm 和 481.2 mm，占多年平均 ET_0 的 28.1% 和 28.3%；在 1987 年前，春、夏季 ET_0 减少（$p < 0.01$），减幅为 23.4 mm·(10 a)$^{-1}$ 和 12.7 mm·(10 a)$^{-1}$，1987 年后增加（$p < 0.05$），增幅为 14.3 mm·(10 a)$^{-1}$ 和 0.4 mm·(10 a)$^{-1}$。秋、冬季 ET_0 较低，分别为 416.0 mm 和 326.9 mm，占多年均值的 24.4% 和 19.2%；在 1987 年前，冬季 ET_0 减少（$p < 0.01$），减幅为 9.7 mm·(10 a)$^{-1}$，秋季减少不明显（$p > 0.05$）；1987 年后，秋、冬季 ET_0 增加趋势均不明显（$P > 0.05$）。综上所述，塔里木灌区-阿拉尔垦区四季 ET_0 为"夏 > 春 > 秋 > 冬"的时间分布，1987 年前的减幅（12.7 mm·(10 a)$^{-1}$、

23.4 mm · (10 a)$^{-1}$、6.6 mm · (10 a)$^{-1}$、9.7 mm · (10 a)$^{-1}$ 高于 1987 年后的增幅[0.4 mm · (10 a)$^{-1}$、14.3 mm · (10 a)$^{-1}$、6.4 mm · (10 a)$^{-1}$、1.1 mm · (10 a)$^{-1}$]，呈"高-低-高"的年际变化，1987 年后春季 ET_0 增幅最大。

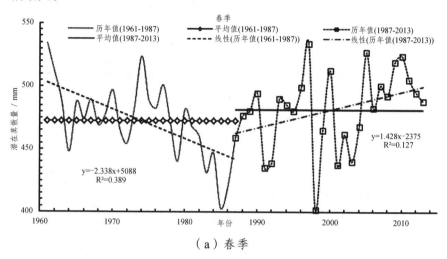

（a）春季

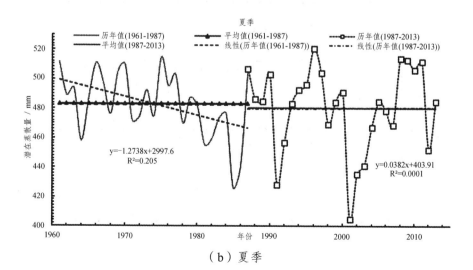

（b）夏季

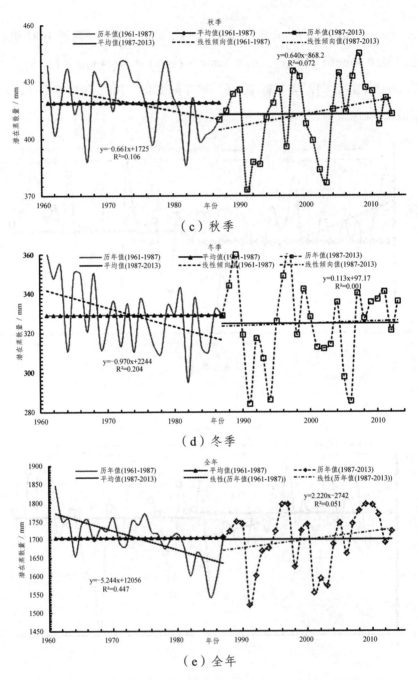

（c）秋季

（d）冬季

（e）全年

图 3-2　塔里木灌区-阿拉尔垦区 1961—2013 年 ET_0 变化过程

（二）主要气候要素年代际变化规律

1. 气温和降水的年代际分析

塔里木灌区-阿拉尔垦区气温和降水量距平和累计距平过程变化曲线见图 3-3。近 53 年来，塔里木灌区-阿拉尔垦区年平均气温以 1986 年和 2008 年为转折点，1986 年前，气温负距平占 69.2%，平均气温较低，1965 年和 1974 年出现了两次较大波动；在 1987—2008 年间，气温正距平占 68.2%，平均气温较高，在 1996 年和 2003 年出现了两次较大波动；2009 年后，气温降幅较大，在 2012 年出现了一次大波动，呈“低-高-低”的动态变化。平均最低气温以 1992 年为转折点，1992 年前，负距平占 59.4%，平均最低气温较低；在 1993—1998 年间，平均最低气温为 3.6 °C，气温较高；1999 年后，负距平占 57.1%，平均最低气温较低，呈“低-高-低”的动态变化。平均最高气温以 1963 年和 2005 年为转折点，1963 年前，正距平占 66.7%，气温较高；在 1964—2005 年间，负距平占 76.2%，气温较低；2006 年后，正距平占 75.1%，气温较高，呈“高-低-高”的动态变化。塔里木灌区-阿拉尔垦区年降水量波动较大，以 1981 年为转折点，1981 年前，降水负距平占 66.7%，降水较少；1981 年后，降水正距平占 61.3%，降水较多，呈“少-多”的动态变化。

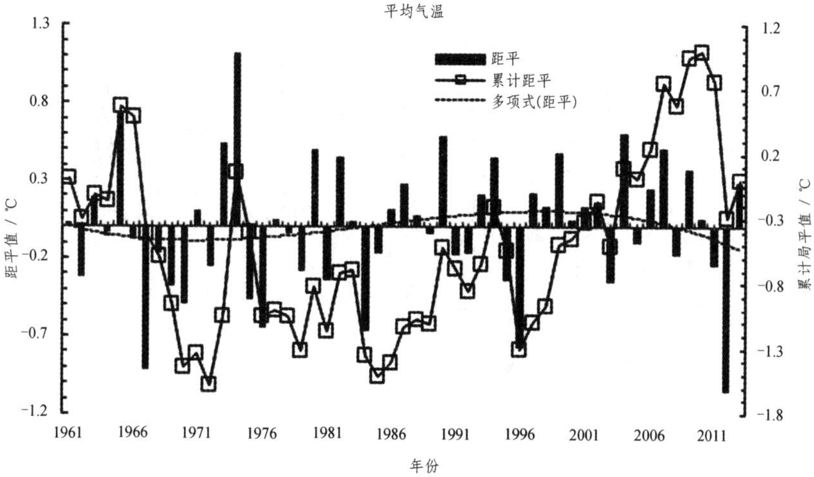

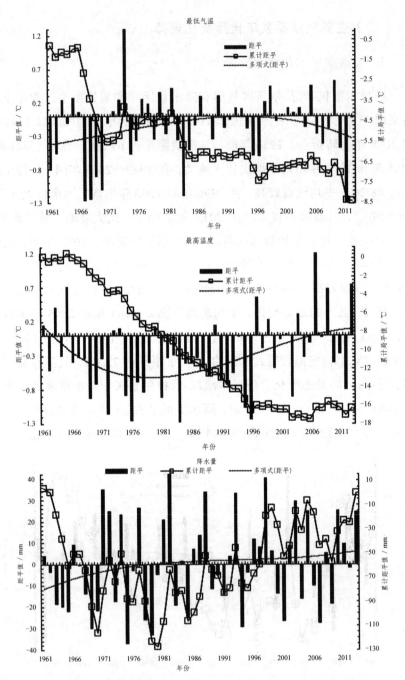

图 3-3　塔里木灌区-阿拉尔垦区气温和降水量距平和累计距平过程变化曲线

2. 干燥度（K）变化趋势分析

塔里木灌区-阿拉尔垦区年干燥度距平和累计距平过程变化曲线见图 3-4。近 53 年来，塔里木灌区-阿拉尔垦区年干燥度波动较大，以 1988 年为转折点，1988 年前，塔里木灌区-阿拉尔垦区 K 值均 > 16.00，K 值 > 32.00 的年份占 64.2%，气候极端干燥；1989 年后，塔里木灌区-阿拉尔垦区 K 值均 > 16.00，K 值 > 32.00 的年份占 52%，气候相对湿润，呈"干-湿"的动态变化，均属超干旱气候。

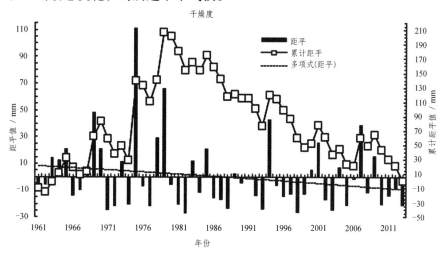

图 3-4 塔里木灌区-阿拉尔垦区干燥度距平和累计距平过程变化曲线

3. 日照时数年代际变化分析

塔里木灌区-阿拉尔垦区日照时数距平和累计距平过程变化曲线见图 3-5。近 53 年来，塔里木灌区-阿拉尔垦区年日照时数转折点主要出现在 1975 年和 2005 年，1975 年前，年日照时数正距平占主导，约占同期的 80%，年日照时数较高；1975—2005 年间，年日照时数负距平高于正距平，负距平占主导，占同期的 51.6%，日照时数较低，1986 年达到 53 年最低值，仅为 2394.5 h，1990 年、1997 年和 2000 年出现了 3 次较大波动；2005 年后，日照时数正距平占主导，占同期的 75%，日照时数较高，呈"高-低-高"的动态变化。春季日照时数转折点主要出现在 1971 年和 2002 年，1971 年前，日照时数正距平占主导，占同期的 63.6%，日照时数较高；1972—2001 年间，日照时数负距平高于正距平，日照时数较低，1985 年达 53 年最低值，仅为 520.3 h；2001 年后，日照时数正距平占主导，占同期的 69.2%，日照时数较高，呈"高-低-高"的动态变化。夏季日照时数转折点主要出现在 1978 和 2007 年，1978 年前，日照时数正距平占主导，占同期的 66.7%，日照时数较高，1964 年、1968 年、1972 年和 1974 年发生了 4 次小波动；1978—2007 年间，日照时数负距平值高于正距平，日照时数较低，2001 年日照时数达 53 年最低，仅为 647.6 h，1981 年、1990 年和 1997 年出现了 3 次较大波动；2007 年后，日照时数正距平占主导，占同期的 71.4%，日照时数较高，2012 年发生了 1 次小波动，呈"高-低-高"的动态变化。秋季日照时数转折点主要出现在 1975 年和 2006 年，1975 年前，日照时数正距平占主导，占同期的 60.0%，日照时数较高，1962 年、1967 年发生了 2 次小波动；1975—2006 年间，日照时数负距平占主导，占同期的 53.3%，日照时数较低，1991 年达 53 年最低值，仅为 628.1 h，1980 年、1990 年、1996 年和 1999 年发生了 4 次较大波动；2006 年后，日照时数正距平占主导，占同期的 71.4%，日照时数较高，呈"高-低-高"的动态变化。冬季日照时数转折点主要出现在 1976 年和 2010 年，1976 年前，日照时数正距平占主导，占同期的 62.5%，日照时数较高；1976—2010 年间，日照时数负距平占主导，占同期的 76.0%，日照时数较低，1994 年达 53 年最低值，仅为 456.7 h；2010 年后，日照时数正距平占主导，占同期的 66.7%，日照时数较高，呈"高-低-高"的动态变化。综上所述，近 53 年来，塔里木灌区—阿拉尔垦区年、季日照时数转折点主要出现在 20 世纪 70 年代后和 2000 年后，均呈"高-低-高"的动态变化。

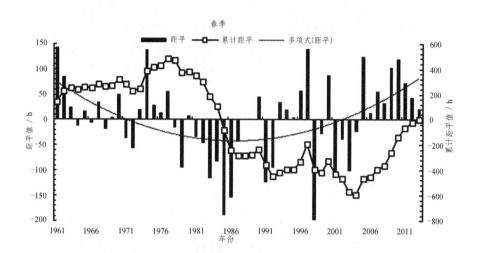

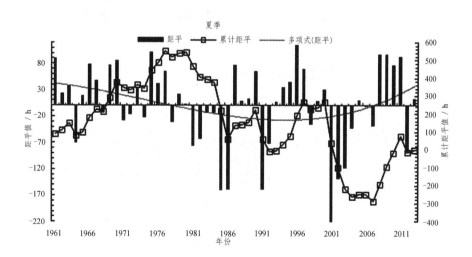

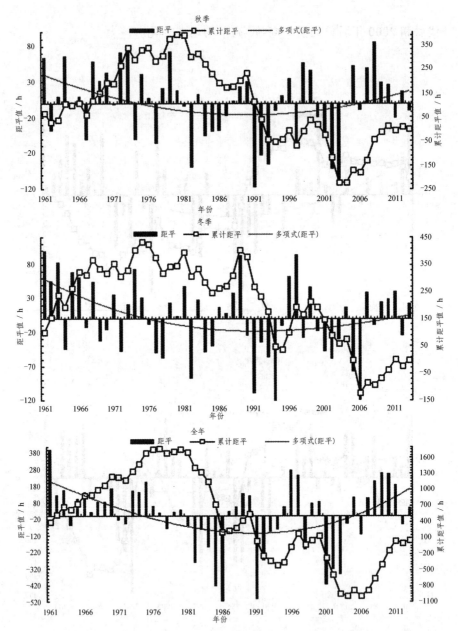

图 3-5　塔里木灌区-阿拉尔垦区年、季日照时数距平和
累计距平过程变化曲线（1961—2013）

4. 潜在蒸散量（ET_0）年代际分析

图 3-6 为塔里木灌区-阿拉尔垦区 ET_0 距平与累计距平动态变化。近53 年来，塔里木灌区-阿拉尔垦区年 ET_0 转折点为 1973 年和 2003 年。1973 年前，年 ET_0 正距平占主导，为 84.6%，年 ET_0 较高，1964 年和 1972 年发生了 2 次小波动；自 1974—2003 年间，年 ET_0 负距平占主导，为 55.1%，年 ET_0 较低，1986 年、1996 年和 1999 年发生了 3 次较大波动；自 2004 年后，年 ET_0 正距平占主导，为 77.7%，年 ET_0 较高，呈 "高-低-高" 的动态变化。

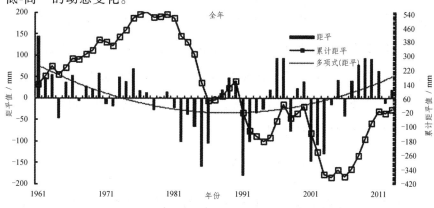

图 3-6　塔里木灌区-阿拉尔垦区年 ET_0 距平与
累计距平动态变化（1961—2013）

（三）讨　论

1. 气温和降水量变化的可能性影响

气候变化问题引发了诸如干旱、低温等系列极端气候事件，已引起诸多学者和政府的关注，特别是对气候变化响应极为敏感的干旱区。近53 年来，塔里木灌区-阿拉尔垦区经历了 "冷干-暖湿-冷湿" 的年际变化，这与胡汝骥等（2002）、施雅风等（2003）、姜大膀等（2009）、李鹏飞等（2012）、陈荣毅等（2002）、韩路等（2002）研究结果较一致，与

我国 20 世纪 90 年代变暖的大趋势相吻合（IPCC，2007），但该区域平均气温（2009 年后），最低气温（1999 年后）降低，这与胡汝骥等（2002）、施雅风等（2003）、姜大膀等（2009）、陈荣毅等（2002）、韩路等（2002）研究结果不太一致，这主要与所处区域的海拔、地形地势和时空尺度有关（周淑贞等，1997）；1987 年后，塔里木灌区-阿拉尔垦区呈"春暖-夏暖-秋冷-冬冷"的动态变化，这将会影响灌区农业生产安排和合理布局，影响作物播栽期和产量，也可能导致灌区春季干旱灾害加剧，秋、冬季冷温灾害频发，这主要与区域春季平均气温和最高气温升高，潜在蒸散量增大（$|r|_{ave} = 0.421$，$p = 0.05$；$|r|_{max} = 0.470$，$p = 0.01$），秋、冬季气温降低有关。特别在 2000 年后，随着阿拉尔建市，人口剧增，生活用水、工农业用水和生态需水不断增大，气候变化和水资源的无序开发利用，可能使得塔里木灌区-阿拉尔垦区水资源高效利用问题更加突出，应引起有关部门的高度重视。

2. 日照时数变化的可能性影响

日照时数是度量地区光能资源丰欠的重要指标之一。近 53 年来，塔里木灌区-阿拉尔垦区年、季日照时数均呈"高-低-高"的动态变化，1987 年前，年、季日照时数均呈减少趋势，这与全国、黑龙江、西北、上海、华南、云贵高原、阿克苏等区域变化趋势较一致（Sanchez-Lorenzo A.etc，2007；陈晓敏等，2014；王宇等，2014；虞海燕等，2011；郝智文等，2009；刘卫平等，2008；杨霞等，2011；杨小梅等，2012）；1987 年后，年、季日照时数呈增加趋势，这与西南、云贵高原、阿克苏、喀什等区域变化趋势较一致（刘卫平等，2008；杨霞等，2011；杨小梅等，2012），与内江、拉萨等区域变化趋势恰好相反（姜晓清等，2014；周长艳等，2008），这可能与研究区域海拔、地形地势、天气和大气透明度等因素有关（周淑贞等，1997）；塔里木灌区-阿拉尔垦区 2010 年年日照时数为 3167.8 h，高于周边阿克苏地区年日照时数极大值（2976.4 h）和 2010 年预测值（2923.2 h），突变时间较阿克苏地区滞后了 4 年（刘卫平等，2008），这可能与研究时空尺度和局部环境有关；夏、秋季日照时数较高，冬、春季日照时数较低，这与喀什、塔城等地研究结果一致（杨霞等，2011；热依拉.艾司开尔，2011），与整个新疆的"夏季 > 春季 > 秋季 > 冬季"的季节分布不一致（张立波和肖薇，2013），这可能与垦区春季冷空气活跃，多大风，地表裸露，沙尘天气频发，大气能见度降低有关（周自江，2001）；1987 年后，年、季日照时数呈增加趋势，这可能与整个新疆 20 世纪 90 年代后气候转暖、冷空气活动减少、植被环境改善、浮尘日数减少的大背景有关（胡汝骥等，2001；2002）。

此外，塔里木灌区-阿拉尔垦区地处塔里木盆地北缘光能资源丰富，日照时数可达 3 311.8 h。特别是 2000 年后，年、春、夏、秋季日照时数明显增加，光照时间变长，有利于农作物的生长和作物高产，应引起有关部门的高度重视与高效利用。

3. 潜在蒸散量（ET_0）变化的可能性影响

塔里木灌区-阿拉尔垦区降水稀少，生态脆弱，对气候敏感性强。1987 年前年、季 ET_0 减幅[52.4 mm·$(10\ a)^{-1}$、23.4 mm·$(10\ a)^{-1}$、12.7 mm·$(10\ a)^{-1}$、6.6 mm·$(10\ a)^{-1}$、9.7 mm·$(10\ a)^{-1}$]高于 1987 年后 ET_0 增幅[22.2 mm·$(10\ a)^{-1}$、14.3 mm·$(10\ a)^{-1}$、0.4 mm·$(10\ a)^{-1}$、6.4 mm·$(10\ a)^{-1}$、1.1 mm·$(10\ a)^{-1}$]，呈"高—低—高"的年际变化，整体呈减少趋势，这与中国及东北、西北、新疆等大区域整体减少趋势一致（孙力等，2003；高歌等，2006；靳立亚，2004；普宗朝，2009）；1987 年后，四季 ET_0 均呈增大趋势，春季 ET_0 增幅最大（14.3 mm·$(10\ a)^{-1}$，这可

能导致塔里木灌区-阿拉尔垦区季节干旱灾害或连旱加剧，生态环境恶化，影响灌区农业生产的安全。

在全球变暖的大背景下，极端气候事件频发，特别是 2000 年后，随着阿拉尔建市，人口剧增，城市用水、农业用水和生态需水不断增大。另外，塔里木河是季节性内陆河流，气候变化及区域水资源无序开发利用，这可能会使区域水问题更加突出。而且阿拉尔垦区地处天山背风坡，春季易受移动性冷性高压控制，气温回升快，大气蒸发力强，这可能会加剧区域干旱灾害，应引起有关部门的高度重视。

（二）主要结论

1. 气温和降水量变化规律

（1）与 1987 年均值比较，塔里木灌区-阿拉尔垦区年平均气温、平均最低气温 1987 年前分别偏低了 0.2 ℃，1987 年后分别偏低了 0.2 ℃，呈"低-高-低"的动态变化，1986、2008 年和 1992、1999 年分别是年平均气温和平均最低气温的转折点；年平均最高气温 1987 年前偏高了 0.2 ℃，1987 年后偏高了 0.4 ℃，呈"高-低-高"的动态变化，1963、2005 年是转折点。1987 年是气温的年突变点。

（2）与 1987 年四季均值比较，塔里木灌区-阿拉尔垦区春季平均气温、平均最高气温 1987 年前偏高了 0.1 ℃ 和 0.5 ℃，1987 年后偏高了 0.6 ℃ 和 1.1 ℃，呈"高-低-高"的动态变化；平均最低气温 1987 年前偏低了 0.3 ℃，1987 年后偏高了 0.2 ℃，呈"低-高"的动态变化。夏季平均气温、平均最低气温 1987 年前偏低了 0.2 ℃ 和 0.3 ℃，1987 年后偏低了 0.4 ℃ 和 0.7 ℃，呈"低-高-低"的动态变化；平均最高气温 1987 年前偏高了 0.2 ℃，1987 年后偏高了 0.1 ℃，呈"高-低-高"的动态变化。秋季平均气温、平均最低气温和平均最高气温 1987 年前偏高了

0.1 ℃、0.1 ℃和 0.3 ℃，1987 年后偏低了 0.1 ℃、0.1 ℃和 1.6 ℃，呈"高-低-高"的动态变化。冬季平均气温、平均最低气温和平均最高气温 1987 年前偏低了 1.4 ℃、1.1 ℃和 0.8 ℃，1987 年后偏低了 1.1 ℃、0.2 ℃和 0.8 ℃，呈"低-高-低"的动态变化。1987 年是气温的四季突变点。

（3）塔里木灌区-阿拉尔垦区气候干湿状况波动较大，干燥度均在 16 以上。在 20 世纪 90 年代前，降水负距平占 66.7%，K 值 > 32 的年份占 64.2%，气候极端干燥；在 20 世纪 90 年代后，降水正距平占 61.3%，K 值 > 32.00 的年份占 52%，气候相对湿润，呈"干-湿"的动态变化。1988 年和 1981 年分别是干燥度和降水量的年转折点。

2. 日照时数变化规律

（1）近 53 年来，塔里木灌区-阿拉尔垦区年平均日照时数为 2 911.1 h，年际间波动较大，1987 年前年日照时数的减幅（166.0 h/10 a）高于 1987 年后年日照时数的增幅（57.9 h/10 a），呈"高-低-高"的动态变化，1987 年为年日照时数突变点，1975 年和 2005 为转折点。

（2）近 53 年来，塔里木灌区-阿拉尔垦区日照时数季节性明显，呈"夏季 > 秋季 > 春季 > 冬季"的季节分布，7 月份最高，12 月份最低；1987 年前四季（春、夏、秋、冬）日照时数减幅（63.9 h/10 a、39.4 h/10 a、21.2 h/10 a、27.8 h/10 a）高于 1987 年后四季日照时数增幅（35.7 h/10 a、2.0 h/10 a、17.3 h/10 a、2.9 h/10 a），呈"高-低-高"的动态变化；四季日照时数突变点均出现在 1987 年，转折点均出现在 20 世纪 70 年代后和 2000 年后。

3. 潜在蒸散量变化规律

（1）塔里木灌区-阿拉尔垦区年 ET_0 为 1 701.5 mm，年际间波动大，

1987年前减幅[52.4 mm·(10 a)$^{-1}$]高于1987年后增幅[22.2 mm·(10 a)$^{-1}$]，呈"高-低-高"的动态变化，1973年、2003年为年ET_0的转折点，1987年为突变点。

（2）塔里木灌区-阿拉尔垦区ET_0季节性明显，为"夏＞春＞秋＞冬"的时间分布，1987年前减幅[12.7 mm·(10 a)$^{-1}$、23.4 mm·(10 a)$^{-1}$、6.6 mm·(10 a)$^{-1}$、9.7 mm·(10 a)$^{-1}$]高于1987年后增幅[0.4 mm·(10 a)$^{-1}$、14.3 mm·(10 a)$^{-1}$、6.4 mm·(10 a)$^{-1}$、1.1 mm·(10 a)$^{-1}$]，呈"高-低-高"的年际变化，1987年后春季ET_0增幅最大。1987年是四季ET_0的突变点。

主要参考文献

[1] IPCC. Climate Change 2007: Impacts, Adaptation and Vulnerability. Contribution of Working Group II to the Fourth Assessment Report of the Intergovernmental Panel on Climate Change[M].Cambridge, UK and New York, USA: Cambridge University Press, 2007.

[2] SANCHEZ-LORENZO A, CALBO J, MARTIN-VIDE J, et al. Time evolution and trends of sunshine duration over the western part of Europe[J]. Geophy Res Abstracts, 2007, 9: 1607-7962.

[3]李鹏飞，孙小明，赵昕奕. 近50年中国干旱半干旱地区降水量与潜在蒸散量分析[J]. 干旱区资源与环境，2012，26（7）：57-63.

[4]胡汝骥，姜逢清，王亚俊. 等. 新疆气候由暖干向暖湿转变的信号及影响[J]. 干旱区地理，2002，25（3）：194-200.

[5]施雅风，沈永平，李栋梁，等. 中国西北气候由暖干向暖湿转型

的特征和趋势探讨[J]. 第四纪研究.2003，23（2）：152-164.

[6]姜大膀，苏明峰，魏荣庆，等. 新疆气候的干湿变化及其趋势预估[J].大气科学，2009，3（1）：90-98.

[7]陈荣毅，张伟. 新疆阿拉尔垦区40年来气候变化对绿洲生态环境建设的启示[J]. 新疆农业科学.2002，39（20）：73-76.

[8]韩路，王海珍，曹新川. 塔里木灌区近40年来气候变化特征[J].气象.2002（8）：53-56.

[9]段若溪，姜会飞. 农业气象学[M]. 北京：气象出版社，2002.

[10] 周淑贞，张超，张如一. 气象学与气候学[M]. 北京：高等教育出版社，1997.

[11] 胡汝骥，姜逢清，王亚俊，等. 新疆气候由暖干向暖湿转变的信号及影响[J]. 干旱区地理，2002，25（3）：194-200.

[12] 胡汝骥，樊自立，王亚俊，等. 近50a新疆气候变化对环境影响评估[J]. 干旱区地理，2001，24（2）：97-103.

[13] 张立波，肖薇.1961—2010年新疆日照时数的时空变化特征及其影响因素[J]. 中国农业气象，2013，34（2）：130-137.

[14] 周自江. 近45年中国扬沙和沙尘暴天气[J]. 第四纪研究，2001，21（1）：9-17.

[15] 陈晓敏，陈汇林，邹海平.1961—2010年海南岛日照时数时空变化特征及其影响因素[J].自然灾害学报，2014，2（1）：161-166.

[16] 王宇，延军平，吴梦初，等. 云南省近44年日照时数时空变化及其影响因素分析[J]. 云南大学学报(自然科版)，2014，36(3)：392-399.

[17] 虞海燕，刘树华，赵娜，等.我国近59年日照时数变化特征分析及其与温度、风速、降水的关系[J]. 气候与环境研究，2011，16（3）：389-398.

[18] 郝智文，范晓辉，朱小琪，等. 山西省近 50 年日照时数变化趋势分析[J]. 生态环境学报，2009，18（5）：1807-1811.

[19] 刘卫平，魏文寿，唐湘玲. 阿克苏地区近 45 年日照时数变化特征[J]. 干旱区地理，2008，2（31）：197-202.

[20] 杨霞，蔡梅，赵逸舟，等.近 39 年喀什日照时数变化分析[J]. 干旱区研究，2011，28（1）：158-162.

[21] 杨小梅，安雯玲，张薇，等. 中国西南地区日照时数变化及其影响因素[J]. 兰州大学学报：自然科学版，2012，48（5）：52-60.

[22] 姜晓清，周丽，邹红，等. 内江市 41 年来日照时数特征分析[J]. 农学学报，2014，4（1）：36-39.

[23] 周长艳，杨秀海，旦增顿珠.等."日光城"拉萨日照时数的变化特征[J]. 资源科学，2008，30（7）：1100-1104.

[24] 周淑贞，张超，张如一. 气象学与气候学[M]. 北京：高等教育出版社，1997.

第四章　气候变化对塔里木灌区膜下滴灌棉花种植的影响

一、数据来源与研究方法

（一）数据来源

20 世纪 90 年代以来，新疆生产建设兵团在棉花种植上大力发展了滴灌技术，第一师阿拉尔灌区于 2000 年左右基本实现了棉花膜下滴灌种植技术。膜下滴灌技术管理措施相对较一致，可采用塔里木灌区-阿拉尔垦区逐年皮棉产量和对应同期气象资料来探讨二者之间的关系。因此，本研究选取塔里木灌区-阿拉尔垦区 2000—2014 年逐年平均皮棉产量，主要来自《新疆生产建设兵团统计年鉴》；选取阿拉尔市气象局 2000—2014 年逐日气象地面气象数据，主要包括平均气温、最高气温、最低气温、日照时数和降水量。

（二）估算（计算）方法

塔里木灌区-阿拉尔垦区膜下滴灌棉花产量和气候要素动态变化主要采用最小二乘法；逐年 ≥12 ℃ 初日、终日、持续天数和活动积温指标主要采用五日滑动平均气温法；棉花产量动态变化与主要气候要素的关系主要采用多元回归分析法。

二、膜下滴灌棉花产量的动态变化

塔里木灌区-阿拉尔垦区膜下滴灌棉花产量和生育期变化曲线见图4-1。近15年来，塔里木灌区-阿拉尔垦区膜下滴灌棉花产量年际间波动较大，2000—2007年期间，棉花产量较低，平均皮棉产量为137.8 kg/mu，2000年最低，仅为114.3 kg/mu；2008年以后，棉花产量较高，平均皮棉产量为170.8 kg/mu，2012年最高，为179.6 kg/mu。综上所述，塔里木灌区-阿拉尔垦区膜下滴灌棉花产量为153.2 kg/mu呈增加趋势，增幅为34.89 kg/10 a（$p < 0.01$）。

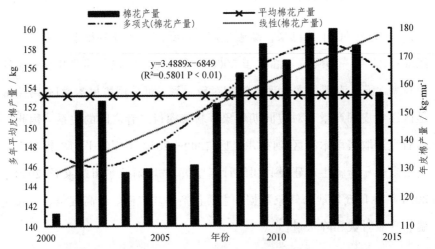

图4-1 塔里木灌区-阿拉尔垦区膜下滴灌棉花产量动态变化（2000—2014）

三、膜下滴灌棉花产量与生育期变化关系及其模型构建

塔里木灌区-阿拉尔垦区≥12 ℃初终日期和持续天数动态变化及其与棉花产量的关系分别见表4-1和图4-2。近15年来，塔里木灌区-阿拉

尔垦区≥12 ℃平均初日、≥12 ℃平均终日分别为 4 月 7 日、10 月 20 日，减幅分别为 − 8.2 d/10 a（$p > 0.05$）和 − 1.4 d/10 a（$p > 0.05$），分别累计提前了 12.3 天和 2.1 天；≥12 ℃平均持续天数为 188 天，增幅为 6.8 d/10 a（$p > 0.05$），累计延长了 10.2 天。由表 4-1 可知，近 15 年来，塔里木灌区-阿拉尔垦区棉花产量的变化与≥12 ℃初日和≥12 ℃终日呈负相关关系，与≥12 ℃持续天数呈正相关关系。其中，2000—2007年期间，棉花产量较低，仅为 127.8 kg/mu，≥12 ℃初日序列较长，平均为 4 月 10 日，≥12 ℃终日序列较短，平均为 10 月 19 日，≥12 ℃平均持续天数较短，仅为 188 天；2008 年以后，棉花产量较高，≥12 ℃初日序列较短，平均初日为 4 月 2 日，为 170.8 kg/mu，≥12 ℃终日序列较短，平均终日为 10 月 19 日，≥12 ℃持续天数较长，平均为 193 天。

为进一步确定塔里木灌区-阿拉尔垦区膜下滴灌棉花产量与≥12 ℃初日、≥12 ℃终日和≥12 ℃持续天数动态变化的关系，建立了灌区膜下滴灌棉花产量与≥12 ℃初日、≥12 ℃终日和≥12 ℃持续天数的多元回归方程。假定棉花产量与≥12 ℃初日、≥12 ℃终日和≥12 ℃持续天数存在如下线性关系：

$$Y = b_0 + b_1 I_1 + b_2 I_2 + b_3 I_3 \qquad\qquad 4.1$$

式中，b_0 为常数，I_1 为≥12℃初日序列值，I_2 为≥12℃终日序列值，I_3 为≥12℃持续天数。b_1、b_2、b_3 称为 Y 对 I_x（I_1、I_2、I_3）的回归系数，根据最小二乘法的原理来求算出回归系数和常数项。即构建方程为：

$Y = 287.274 − 0.931 I_2 + 0.690 I_3$（$R = 0.300$；$p < 0.05$）

综上所述，近 15 年来，塔里木灌区—阿拉尔垦区膜下滴灌棉花产量的变化是由≥12 ℃初日、≥12 ℃终日和≥12 ℃持续天数多因子综合作用的结果，其产量的增加主要与≥12 ℃终日的提前，和≥12 ℃持续天数的延长有关，与≥12 ℃初日的提前关系不明显，但均不明显（$p > 0.05$）。

表 4-1　塔里木灌区—阿拉尔垦区 ≥12℃ 初、
终日期和持续天数动态变化（2000—2014）

气候要素	线性方程	相关系数（R^2）	显著性水平
≥12℃ 初日	$y = -0.8214x + 102.77$	0.1809	不显著
≥12℃ 终日	$y = -0.1393x + 285.18$	0.0255	不显著
≥12℃ 持续天数	$y = 0.6821x + 183.41$	0.1139	不显著

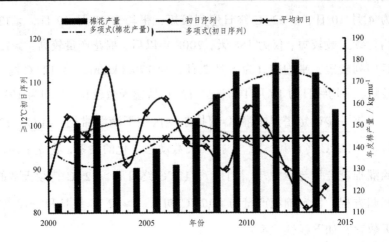

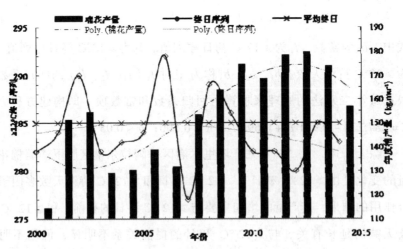

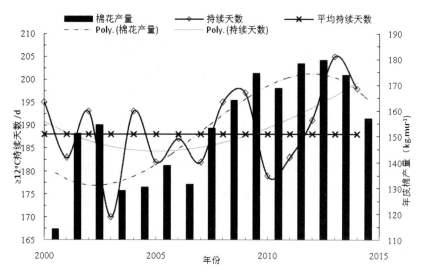

图 4-2　塔里木灌区—阿拉尔垦区膜下滴灌棉花产量与
生育期动态变化关系曲线（2000—2014）

四、膜下滴灌棉花产量与主要气候要素关系及其模型构建

（一）主要气候要素动态变化趋势

塔里木灌区-阿拉尔垦区不同时段主要气候要素变化趋势见表 4-2。近 15 年来，塔里木灌区-阿拉尔垦区膜下滴灌棉花生育期（≥12 ℃ 初日—≥12 ℃ 终日）平均气温、≥12 ℃ 活动积温、降水量和日照时数均呈增加趋势，增幅分别为 0.07 ℃/10 a（$p > 0.05$）、9.90 ℃/10 a（$p > 0.05$）、3.399 mm/10a（$p < 0.05$）和 242.63 h/10 a（$p < 0.01$），平均最高气温和平均最低气温呈减少趋势，减幅均不明显（$p > 0.05$）。其中，春季生育期（≥12℃ 初日—5 月 31 日）降水量、≥12℃ 活动积温和日照时数均呈增加趋势，增幅分别为 2.54 mm/10 a（$p < 0.05$）、92.37 ℃/10 a（$p < 0.01$）和 120.99 h/10 a（$p > 0.05$）；平均气温、平均最低气温和平均最高气温呈减少趋势，减幅均不明显（$p > 0.05$）；夏季生育期（6 月 1 日—8 月

31 日）平均气温、平均最高气温、降水量和日照时数均呈增加趋势，增幅分别为 0.55 ℃/10a（$p > 0.05$）、0.29 ℃/10 a（$p < 0.05$）、2.15 mm/10 a（$p > 0.05$）和 97.32 h/10a（$p < 0.01$），平均最低气温和 ≥12 ℃ 活动积温减幅均不明显（$p > 0.05$）；秋季生育期（9 月 1 日—≥12 ℃ 终日）平均气温、平均最低气温、≥12 ℃ 活动积温和日照时数均呈增加趋势，增幅分别为 0.68 ℃/10a（$p < 0.01$）、0.98 ℃/10a（$p > 0.05$）、1.05 ℃/10 a（$p > 0.05$）和 24.32 h/10a（$p > 0.05$），平均最高气温和降水量呈减少趋势，减幅分别为 0.006 ℃/10 a（$p < 0.01$）和 1.291 mm/10a（$p > 0.05$）。

表 4-2　塔里木灌区-阿拉尔垦区主要气候要素动态变化（2000—2014 年）

时段	平均气温 ℃/10 a	最高气温 ℃/10 a	最低气温 ℃/10 a	≥12 ℃ 活动积温 ℃/10 a	降水量 mm/10 a	日照时数 h/10 a
≥12 ℃ 初日—5 月 31 日	− 1.013	− 0.364	− 1.429	92.371[*]	2.536[**]	120.99
6 月 1 日—8 月 31 日	0.552	0.294[*]	− 0.173	− 1.664	2.154	97.318[**]
9 月 1 日—≥12 ℃ 终日	0.676[**]	− 0.006[**]	0.975	1.05	− 1.291	24.321
≥12 ℃ 初日—≥12 ℃ 终日	0.071	− 0.025	− 0.209	9.9	3.398[*]	242.63[*]

（二）棉花产量与主要气候要素关系及其模型构建

1. 春季生育期（≥12 ℃ 初日～5 月 31 日）

塔里木灌区-阿拉尔垦区膜下滴灌棉花产量与春季生育期主要气候要素动态变化关系见图 4-3。近 15 年来，塔里木灌区—阿拉尔垦区膜下滴灌棉花产量变化与春季期间平均气温、平均最高气温和平均最低气温呈负相关关系，与降水量、≥12 ℃ 活动积温和日照时数呈正相关关系。2000—2007 年间，塔里木灌区—阿拉尔垦区膜下滴灌棉花产量较低，仅为 127.8 kg/mu，春季平均气温、平均最高气温和平均最低气温均较高，分别为 19.63 ℃、27.69 ℃ 和 11.53 ℃，降水量、≥12 ℃ 活动积温和日照时数均较少（小），分别为 7.61 mm、1 031.56 ℃ 和 445.96 h；2008 年以后，塔里木灌区-阿拉尔垦区膜下滴灌棉花产量较高，为 170.8 kg/mu 春季平均气温、平均最高气温和平均最低气温较低，分别为 18.63 ℃、27.05 ℃ 和 10.36 ℃，降水量、≥12 ℃ 活动积温和日照时数均较多（大），分别为 6.94 mm、1116.66 ℃ 和 531.63 h。

为进一步确定塔里木灌区—阿拉尔垦区膜下滴灌棉花产量与主要气候要素关系，建立了棉花产量与春季生育期气候要素的多元回归方程。假定棉花产量与春季生育期的平均气温、平均最高气温、平均最低气温、≥12 ℃ 活动积温、日照时数和降水量存在如下线性关系：

$$Y = b_0 + b_1 I_1 + b_2 I_2 + b_3 I_3 + b_4 I_4 + b_5 I_5 + b_6 I_6 \qquad 4.2$$

式中，b_0 为常数，I_1 为平均气温，I_2 为平均最高气温，I_3 为平均最低气温，I_4 为 ≥12 ℃ 活动积温，I_5 为日照时数，I_6 为降水量。b_1、b_2、b_3、b_4、b_5、b_6 称为 Y 对 I_x（I_1、I_2、I_3、I_4、I_5、I_6）的回归系数，根据最小二乘法的原理来求算出回归系数和常数项。构建方程为：$Y = 20.959 - 103.014 I_1 + 72.426 I_2 + 17.086 I_3 + 0.044 I_4 - 0.219 I_5 - 0.720 I_6$（$R = 0.852$；$p > 0.05$），考虑到各气候因子之间的多重共线性，剔除不显著因子 I_3、I_4 和 I_6，采用多元逐步回归分析法，构建出新多元回归方程为：$Y = 21.949 - 66.643 I_1 + 54.664 I_2 - 0.183 I_5$（$R = 0.744$；$P < 0.05$）

综上所述，塔里木灌区-阿拉尔垦区膜下滴灌棉花产量动态变化是由春季平均气温、平均最低气温、平均最高气温、降水量、≥12 ℃ 活动积温和日照时数等多种气象因子综合作用的结果，其产量增加程度主要与春季平均气温和平均最高气温的降低有关，与春季日照时数的增多有关，与平均最低气温、降水量和≥12 ℃ 活动积温关系不明显（$p > 0.05$）。

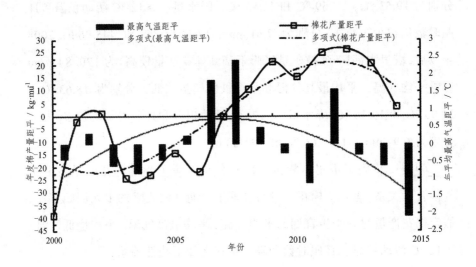

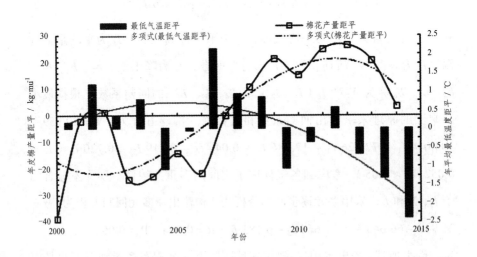

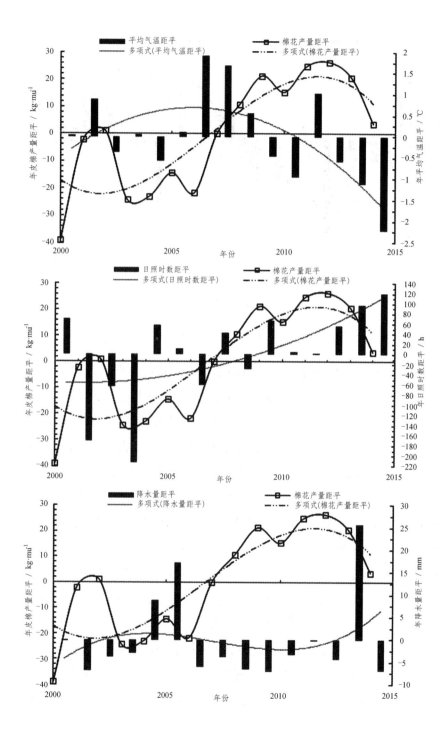

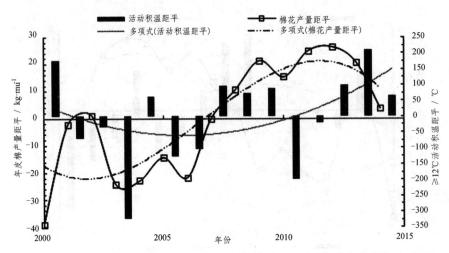

图 4-3　塔里木灌区-阿拉尔垦区膜下滴灌棉花产量与春季生育期间气候要素动态变化

2. 夏季生育期（6 月 1 日—8 月 31 日）

塔里木灌区-阿拉尔垦区膜下滴灌棉花产量与夏季生育期主要气候要素动态变化关系见图 4-4。近 15 年来，塔里木灌区-阿拉尔垦区膜下滴灌棉花产量变化与夏季生育期平均气温、平均最高气温、降水量和日照时数呈正相关关系，与平均最低气温和 ≥ 12 ℃ 活动积温呈负相关关系。2000—2007 年间，塔里木灌区-阿拉尔垦区膜下滴灌棉花产量较低，仅为 127.8 kg/mu，夏季平均最低气温和 ≥ 12 ℃ 活动积温较高，分别为 16.68 ℃ 和 2194.78 ℃，平均气温、平均最高气温、日照时数和降水量较低（少），分别为 23.32 ℃、31.72 ℃、809.15 h 和 23.96 mm；2008 年以后，塔里木灌区-阿拉尔垦区膜下滴灌棉花产量较高，为 170 kg/mu，夏季平均最低气温和 ≥ 12 ℃ 活动积温较低，分别为 16.59 ℃ 和 2 199.67 ℃，平均气温、平均最高气温、日照时数和降水量较高（多），分别为 23.92 ℃、32.04 ℃、911.5 h 和 30.34 mm。

为进一步确定棉花产量与主要气候要素关系，建立了棉花产量与夏季生育期气候要素的多元回归方程。假定棉花产量与夏季生育期的平均

气温、平均最高气温、平均最低气温、≥12 ℃ 活动积温、日照时数和
降水量存在如下线性关系：

$$Y = b_0 + b_1I_1 + b_2I_2 + b_3I_3 + b_4I_4 + b_5I_5 + b_6I_6 \qquad 4.3$$

式中，b_0 为常数，I_1 为平均气温，I_2 为平均最高气温，I_3 为平均最低气
温，I_4 为 ≥12 ℃ 活动积温，I_5 为日照时数，I_6 为降水量。b_1、b_2、b_3、
b_4、b_5、b_6 称为 Y 对 I_x（I_1、I_2、I_3、I_4、I_5、I_6）的回归系数，根据最小
二乘法的原理来求算出回归系数和常数项，构建多元线性回归方程为：
$Y = -978.423 - 1.836\ I_1 + 79.789\ I_2 + 29.266\ I_3 - 0.844\ I_4 - 0.013\ I_5 +$
$0.394\ I_6$（$R = 0.740$；$p > 0.05$），考虑到各气候因子之间的多重共线性，
剔除不显著因子 I_1、I_3、I_4、I_5 和 I_6，采用多元逐步回归分析法，构建方
程为 $Y = -754.406 + 28.478\ I_2$（$R = 0.740$；$p < 0.05$）。

综上所述，塔里木灌区阿拉尔垦区膜下滴灌棉花产量的动态变化是
由夏季平均气温、平均最低气温、平均最高气温、降水量、≥12 ℃ 活
动积温和日照时数等多种气象因子综合作用的结果，其增加程度与夏季
平均最高气温的升高关系密切，与平均气温、平均最低气温、降水量、
≥12 ℃ 活动积温和日照时数动态变化关系不明显（$p > 0.05$）。

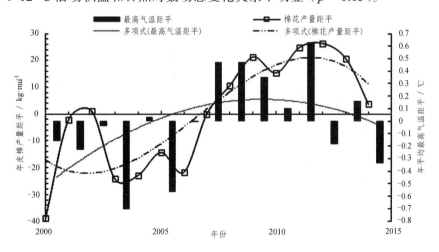

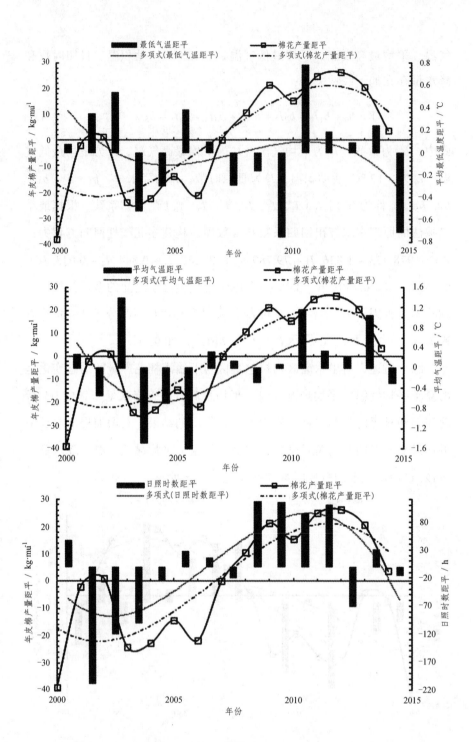

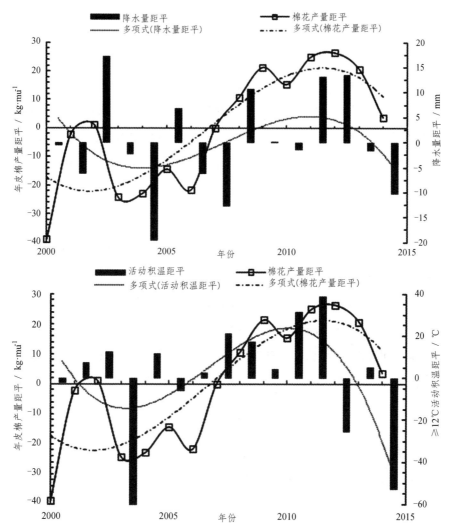

图 4-4 塔里木灌区-阿拉尔垦区膜下滴灌棉花产量与夏季期间主要气候要素动态变化

3. 秋季生育期（8 月 1 日 ～ ≥12℃ 终日）

塔里木灌区-阿拉尔垦区膜下滴灌棉花产量与秋季生育期主要气候要素动态变化关系见图 4-5。近 15 年来，塔里木灌区-阿拉尔垦区膜下滴灌棉花产量变化与秋季生育期平均气温、平均最低气温、日照时数和≥12 ℃活动积温呈正相关关系，与平均最高气温和降水量呈负相关关系。2000—2007 年间，塔里木灌区-阿拉尔垦区膜下滴灌棉花产量较低，仅为 127.8 kg/mu 秋季平均气温、平均最低气温、日照时数和≥12℃ 活动积温均较低，分别为 17.31 ℃、9.59 ℃、345.16 h 和 707.28 ℃，平均最高气温和降水量较高（多），分别为 26.54 ℃ 和 6.73 mm；2008 年以后，塔里木灌区-阿拉尔垦区膜下滴灌棉花产量较高，为 170.5 kg/mu，秋季平均气温、平均最低气温、日照时数和≥12 ℃ 活动积温较高，分别为 17.67 ℃、10.25 ℃、371.14 h 和 716.69 ℃，平均最高气温和降水量较低（少），分别为 26.53 ℃ 和 5.66 mm。

为进一步确定塔里木灌区阿拉尔垦区膜下滴灌棉花产量与主要气候要素关系，建立了灌区棉花产量与秋季生育期气候要素的多元回归方程。假定棉花产量与秋季生育期的平均气温、平均最高气温、平均最低气温、≥12 ℃ 活动积温、日照时数和降水量存在如下线性关系：

$$Y = b_0 + b_1 I_1 + b_2 I_2 + b_3 I_3 + b_4 I_4 + b_5 I_5 + b_6 I_6 \qquad 4.4$$

式中，b_0 为常数，I_1 为平均气温，I_2 为平均最高气温，I_3 为平均最低气温，I_4 为≥12 ℃ 活动积温，I_5 为日照时数，I_6 为降水量。b_1、b_2、b_3、b_4、b_5、b_6 称为 Y 对 I_x（I_1、I_2、I_3、I_4、I_5、I_6）的回归系数，根据最小二乘法的原理来求算出回归系数和常数项，构建出多元回归方程为 $Y = -64.111 - 7.952 I_1 + 5.279 I_2 + 16.494 I_3 + 0.084 I_4 - 0.008 I_5 - 0.614 I_6$（$R = 0.493$；$p > 0.05$），考虑到各气候因子之间的多重共线性，逐项进行多元回归，发现塔里木灌区-阿拉尔垦区膜下滴灌棉花产量与秋季各主要气候要素关系均不明显（$p > 0.05$）。

综上所述，塔里木灌区-阿拉尔垦区膜下滴灌棉花产量的动态变化是

由平均气温、平均最低气温、平均最高气温、降水量、≥12℃活动积温
和日照时数等多种气象因子综合作用的结果，其产量增加幅度是由秋季
生育期平均气温、平均最低气温、≥12℃活动积温的增加，日照时数
的增多，秋季平均最高气温的降低和秋季降水量的减少多因子综合作用
的结果，但影响不明显。

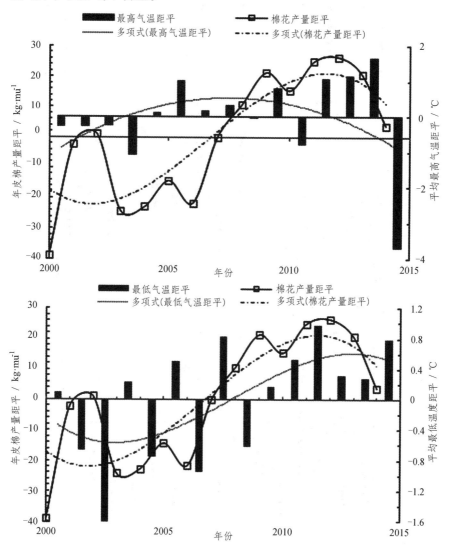

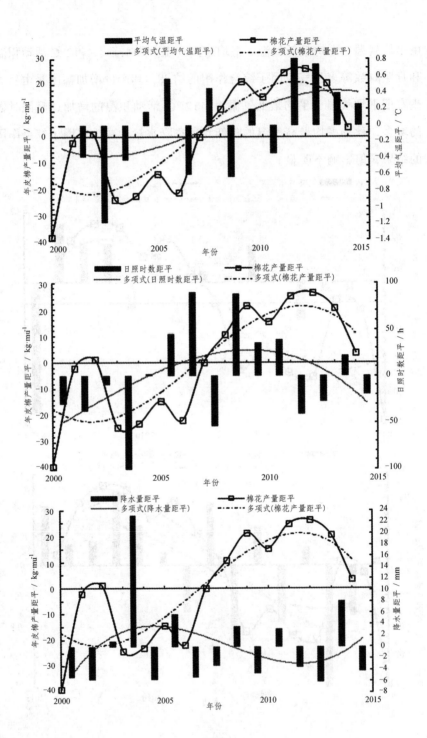

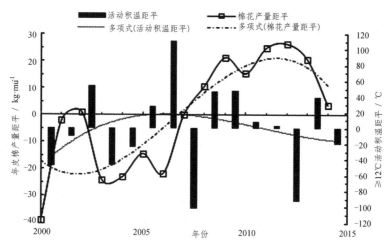

图 4-5　塔里木灌区-阿拉尔垦区膜下滴灌棉花产量与秋季生育期主要气候
要素动态变化

4. 生育期（≥12 ℃初日～≥12 ℃终日）

塔里木灌区-阿拉尔垦区膜下滴灌棉花产量与生育期气候要素动态变化见图 4-6。近 15 年来，塔里木灌区阿拉尔垦区膜下滴灌棉花产量变化与生育期平均气温、日照时数、降水量和≥12 ℃ 活动积温呈正相关关系，与平均最高气温和平均最低气温呈负相关关系。2000—2007 年间，塔里木灌区阿拉尔垦区膜下滴灌棉花产量较低，仅为 127.8 kg/mu，全生育期平均气温、日照时数、降水量和≥12 ℃ 活动积温较低（少），分别为 20.08 ℃、1 600.28 h、38.29 mm 和 3 933.61 ℃，平均最高气温和平均最低气温较高，分别为 28.65 ℃ 和 12.60 ℃；2008 年以后，塔里木灌区阿拉尔垦区膜下滴灌棉花产量较高，为 170.8 kg/mu，生育期平均气温、日照时数、降水量和≥12 ℃ 活动积温较高（多），分别为 20.08 ℃、1 814.27 h、42.94 mm 和 4 033.01 ℃，平均最高气温和平均最低气温较低，分别为 28.56 ℃ 和 12.39 ℃。

为进一步确定棉花产量与主要气候要素关系，建立了棉花产量与生育期气候要素的多元回归方程。假定棉花产量与不同时段平均气温、平均最高气温、平均最低气温、≥12 ℃ 活动积温、日照时数和降水量存在如下线性关系：

$$Y = b_0 + b_1 I_1 + b_2 I_2 + b_3 I_3 + b_4 I_4 + b_5 I_5 + b_6 I_6 \qquad 4.5$$

式中，b_0 为常数，I_1 为平均气温，I_2 为平均最高气温，I_3 为平均最低气温，I_4 为 ≥12 ℃ 活动积温，I_5 为日照时数，I_6 为降水量。b_1、b_2、b_3、b_4、b_5、b_6 称为 Y 对 I_x（I_1、I_2、I_3、I_4、I_5、I_6）的回归系数，根据最小二乘法的原理来求算出回归系数和常数项，构建出多元回归方程为：$Y = -99.587 + 45.513 I_1 - 4.952 I_2 - 32.828 I_3 - 0.042 I_4 + 0.024 I_5 + 0.425 I_6$，考虑到各气候因子之间的多重共线性，逐步进行多元回归，发现塔里木灌区—阿拉尔垦区膜下滴灌生育期棉花产量与生育期各主要气候要素关系均不明显（$p > 0.05$）。

综上所述，塔里木灌区阿拉尔垦区膜下滴灌棉花产量的动态变化是由平均气温、平均最低气温、平均最高气温、降水量、≥12 ℃ 活动积温和日照时数等多种气象因子综合作用的结果，其产量增加幅度主要受生育期平均气温、≥12 ℃ 活动积温的升高，日照时数和降水量的增多，平均最高气温和平均最低气温的降低等多种气象因子综合作用，但影响均不明显。

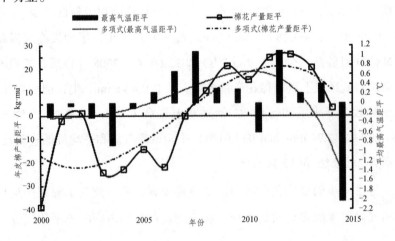

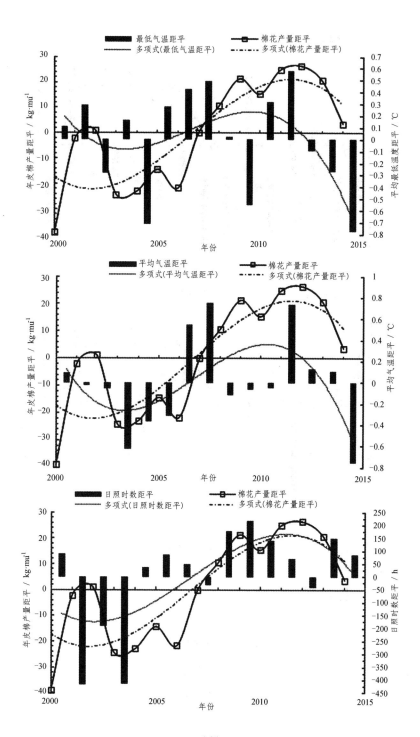

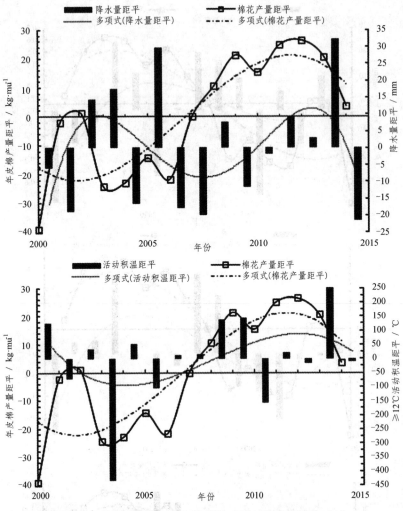

图 4-6 棉花产量与全生育期主要气候要素动态变化

五、主要结论

（1）近 15 年来，塔里木灌区-阿拉尔垦区膜下滴灌棉花生育期内降水量和日照时数增幅明显，分别 3.998 mm/10 a（ $p < 0.05$ ）和 242.63 h/10 a（ $p < 0.01$ ），春季生育期 ≥12 ℃ 活动积温和降水量增幅明显，分别为

92.371 ℃/10 a 和 2.536 mm/10 a，夏季生育期平均最高气温和日照时数增幅明显，分别为 0.294 ℃/10 a（$p < 0.05$）和 97.318 h/10 a（$p < 0.01$），秋季生育期平均气温增幅明显，为 0.676 ℃/10 a（$p < 0.01$）。

（2）近 15 年来，塔里木灌区 – 阿拉尔垦区 ≥12 ℃ 初日、≥12 ℃ 终日和 ≥12 ℃ 持续天数变幅分别为 – 8.2 d/10 a（$p > 0.05$）和 – 1.4 d/10 a（$p > 0.05$），– 6.8 d/10 a（$p > 0.05$），分别平均提前了 0.82 d/1 a、0.14 d/1 a 和平均延长了 0.68 d/1 a；且塔里木灌区-阿拉尔垦区膜下滴灌棉花产量呈增加趋势，增幅为 34.89 kg/10 a（$p < 0.01$），这主要与灌区内 ≥12 ℃ 终日的提前和 ≥12 ℃ 持续天数的延长关系密切，与 ≥12 ℃ 初日的提前关系不明显。

（3）塔里木灌区-阿拉尔垦区膜下滴灌棉花产量的动态变化是由平均气温、平均最低气温、平均最高气温、降水量、≥12 ℃ 活动积温和日照时数等多种气象因子综合作用的结果，与春季平均气温和平均最高气温的降低，日照时数的增加关系较明显，与夏季平均气温的升高关系较明显，与各生育时段其他气候因子变化关系不明显。

主要参考文献

[1] 魏凤英. 现代气候统计诊断与预测技术[M]. 北京：气象出版社，1999：42-50.

[2] 孙彦坤. 农业气象学实验指导[M]. 北京：气象出版社，2014：52-60.

[3] 么枕生，丁裕国. 气候统计[M]. 北京：气象出版社，1990：477-522.

第五章　气候变化对塔里木灌区膜下滴灌棉花种植的适应性措施

气候变化引发了诸如干旱、低温等系列极端气象灾害和气候事件，这一特征在对气候变化响应极为敏感的干旱区尤为明显。本研究选取了塔里木灌区-阿拉尔垦区 1961—2014 年逐日地面气象资料和 2000—2014 年逐年皮棉产量资料，运用统计学方法，分析了不同时段塔里木灌区-阿拉尔垦区主要气候要素变化特征、棉花产量、生育期指标变化特征；运用距平相关性和多元回归统计方法分析了塔里木灌区-阿拉尔垦区气候变化对膜下滴灌棉花种植的影响。通过研究，其发现如下。

一、气候变化对塔里木灌区棉花种植的可能性影响

（1）20 世纪 90 年代后，塔里木灌区-阿拉尔垦区的气候呈暖湿到冷湿的动态变化，日照时数呈由少到多的动态变化，潜在蒸散量呈由低到高的动态变化；2000 年后棉花生育期年平均最高气温和年平均最低气温成降低趋势，这可能导致塔里木灌区-阿拉尔垦区年极端低温灾害和干旱灾害频次增多，强度增大，不利于棉花种植；但光照时间明显增长，有利于棉花种植，二者相互抵偿。

（2）1987 年后，塔里木灌区-阿拉尔垦区的气候呈"春暖-夏暖-秋冷-冬冷"的动态变化，四季日照时数均呈增加趋势，2000 年后春、夏、秋

季日照时数增加明显，四季潜在蒸散均呈增加趋势，春季潜在蒸散增幅最大，这将会导致春季、夏季暖干化程度加剧，日照时数明显增加，二者相互叠加，可能加剧区域干旱灾害，尤其是春季。秋季、冬季冷干化程度加剧，日照时数的增加，二者相互抵偿，一定程度上可缓解低温灾害，但总体低温灾害发生频次往年仍呈增多、增强趋势。

（3）2000 年后，塔里木灌区-阿拉尔垦区膜下滴灌棉花产量呈增加趋势，这主要与灌区内≥12 ℃初日和≥12 ℃终日的提前有关，与≥12 ℃ 持续天数的延长有关，春季提前幅度（0.82 d/1 a）高于秋季提前幅度（0.14 d/1 a），这是由年、季平均气温、平均最低气温、平均最高气温、降水量、≥12 ℃活动积温和日照时数等多种气象因子综合作用的结果，与春季平均气温和平均最高气温的降低，日照时数的增加关系明显，与夏季平均最高气温的升高关系明显，这与塔里木灌区-阿拉尔垦区 1987 年后春季增暖、秋季变冷的大背景相一致，与 2000 年后灌区棉花生育期春季平均气温和平均最高气温的降低和秋季平均气温、平均最低气温增加的趋势不一致，这主要与选择时间序列年际尺度和年内尺度不同有关。

二、塔里木灌区棉花种植的气候适应性措施

通过以上研究发现，近 53 年来，塔里木灌区阿拉尔垦区气候经历了"冷干-暖湿-冷湿"的动态变化，日照时数经历了"多-少-多"的动态变化，1987 年后，四季气候呈"春暖-夏暖-秋冷-冬冷"的动态变化，四季日照时数均呈增加趋势，春、夏季暖干化趋势明显，季节干旱或连旱频次增多，强度加大，尤其是春季；秋、冬季冷干化趋势明显，极端低温灾害频次增多，强度加大。为进一步提高塔里木灌区-阿拉尔垦区棉花

产量，合理高效利用灌区气候资源，本着因地制宜的原则，特提出以下适应性措施。

1. 提高中、短期天气预测和预报准确率，合理调整棉花播栽期，延长棉花生育期

塔里木灌区-阿拉尔垦区春季"倒春寒"现象较为频繁，秋季霜冻灾害来临较早，棉花生育期较短。1987 年后，塔里木灌区-阿拉尔垦区春季增温明显，夏季增温明显，秋季降温明显，$\geqslant 12\ ^{\circ}C$ 初日平均每年提前了 0.82 d，$\geqslant 12\ ^{\circ}C$ 终日平均每年提前了 0.14 d/1 a，$\geqslant 12\ ^{\circ}C$ 持续天数平均每年延长了 0.68 d。因此，建议做到以下几点适应性措施。

（1）借助先进的气象仪器和设备，适时监测灌区内天气变化，提高中、短期天气预测和预报准确率。① 春季期间，适时早播，尽可能做到"霜前播种，霜后出苗"；② 夏季生育期平均最高气温仅为 31.6 ℃，极端最高气温高达 39.7 ℃，高于棉花生物学上限温度（36~37 ℃），棉花生长受到抑制，不利于棉花高产，应做好夏季高温灾害的防御措施，诸如适时灌溉，喷洒水或营养液，培育壮苗，增强棉花耐高温的能力；③ 加强秋季天气适宜监测能力，可采用灌溉法、熏烟法等传统物理技术和农业防御措施（覆盖法），尽可能延长棉花生秋季育期，提高棉花产量。

（2）加强灌区内中、长期气候监测能力，适度调整灌区内棉花种植面积和比例，促灌区内农业生产"高产、高效、优质、生态、安全"。

2. 发展节水农业，提高棉田水分利用率。

塔里木灌区阿拉尔垦区是南疆典型的绿洲农业区，塔里木河是灌区的主要灌溉水源。1987 年后，塔里木灌区-阿拉尔垦区春、夏季呈暖干的动态变化，春季增幅最大。此外，塔里木灌区-阿拉尔垦区春季容易受

移动性冷高的控制，大气蒸发效果强，这可能会加剧区域春季干旱或连旱情况发生。因此，建议做到以下几点适应性措施：

（1）采用蓄水保墒耕作技术。注重耕耙磨压的巧妙结合，改变土壤结构，增加土壤容重，增强土壤以肥调水的能力；采用诸如地膜覆盖、保水剂、撒落石灰等农业措施，起到保墒作用，促苗早发，提高棉花出苗率。

（2）采用先进灌溉技术，诸如滴灌技术，适时掌控灌溉时间、灌溉强度和灌溉量，满足棉花生理需水量，减少棉花生态需水量，提高棉田水分利用率。

3. 选育优良品种

针对塔里木灌区阿拉尔垦区春、夏季干旱灾害频发，秋、冬季低温灾害频发的规律，建议选育光合效率高、呼吸消耗弱、株型叶型合理、抗逆性强的矮化、抗倒伏的新品种，可有效适应灌区气候变化。

4. 加强田间管理，有效防御各种自然灾害

针对塔里木灌区阿拉尔垦区春、夏季干旱灾害较多，夏季高温灾害较多，秋、冬季低温灾害较多的特点，建议做到及时中耕、及时除草、及时有效防御各种气象灾害和病虫害，趋利避害，促进灌区棉花高产。

主要参考文献

[1] 牛建龙，彭杰，王家强，等. 新疆阿拉尔地区近53年气候变化特征分析[J]. 干旱区资源与环境，2016，30（1）：72-77.

[2] 牛建龙，王家强，周烜，等. 南疆阿拉尔地区近53年日照时数

变化特征分析[J]. 塔里木大学学报，2017，3（1）：126-132.

[3] 牛建龙，王家强，彭杰，等. 荒漠-绿洲区潜在蒸散量变化特征及其影响因素[J]. 干旱区研究，2016，33（4）：766-772.

[4] 周淑贞，张超，张如一. 气象学与气候学[M]. 北京：高等教育出版社，1997.

[5] 段若溪，姜会飞. 编著. 农业气象学. 北京：气象出版社，2002.